解码微心理

彩沄心理◎编著

国家一级出版社　中国纺织出版社　全国百佳图书出版单位

内 容 提 要

所谓微心理，是指人们的心理活动中的外在表现，这一本能反应是人们无法隐藏的，生活中读懂微心理，就能帮助我们轻松了解他人真实心理、意图，就能帮我们处理人际关系，轻松辨识人心。

本书列举了大量的实例，并从心理学的角度进行了深度的剖析，内容涉及社交、职场、婚恋关系等多方面，由表及里，层层深入，引导读者朋友们学会读懂他人的心理活动，进而轻松掌握人际关系中的主动权，做人际博弈的大赢家。

图书在版编目（CIP）数据

解码微心理／彩沄心理编著.--北京：中国纺织出版社，2017.12（2023.7重印）
ISBN 978-7-5180-4483-2

Ⅰ.①解… Ⅱ.①彩… Ⅲ.①心理学—通俗读物 Ⅳ.①B84-49

中国版本图书馆CIP数据核字（2017）第312860号

责任编辑：闫 星 特约编辑：李 杨 责任印制：储志伟

中国纺织出版社出版发行
地址：北京市朝阳区百子湾东里A407号楼 邮政编码：100124
销售电话：010—67004422 传真：010—87155801
http：//www.c-textilep.com
E-mail：faxing@c-textilep.com
中国纺织出版社天猫旗舰店
官方微博http：//weibo.com/2119887771
北京兰星球彩色印刷有限公司印刷 各地新华书店经销
2017年12月第1版 2023年7月第4次印刷
开本：710×1000 1/16 印张：14.5
字数：207千字 定价：48.00元

前言 Preface

有人说，人生就如同一部戏，我们每个人都在扮演不同的角色。的确，在日常的工作和生活中，我们每个人都要与各种各样的人打交道，但并不是每个人都会以真面目示人。当然，人们隐藏自己的内心，原因各种各样，或是出于善意的自我保护，或是为了征服他人，或是包藏祸心。对于每天面对的那些人，你真的了解吗？他们是表里如一，还是信口雌黄？对于自己的领导或同事，你又了解多少？

事实上，也许你有出众的能力、渊博的知识，还是有过人的手腕，但如果你读不懂他人的心理，也很难维系良好的人际关系。

其实，正确认识和判断一个人并不难，只要我们学会细心观察他的表情、说话的语气和举止，就能够知道他内心的真实想法。这就是我们现在经常提起的“微动作心理学”。因为在一些微动作背后，都隐藏了一定的秘密，比如，对方的服饰打扮乃至一个细小的装饰品，都透露着他的性格、品位；当然，他人的一些生活习惯，比如吃相醉态、消费方式、口头禅、看电视的习惯等也是他们的性格和行为状态的外显……无论是职场、社交场合还是恋爱中，掌握他人的心理动态，然后对症下药，就能让我们说对的话、做对的事，然后得到我们想要的结果。

可见，在这个社会上，只有识人，你才能在交际中左右逢源；只有识人，你才能获得真正的朋友和爱人；只有识人，你才能占领博弈的制高点，在与他人的对决中获胜。从而，我们才会拥有一个圆满幸福的人生。

可以说，本书就是一本实用的心理学教程，翻开这本书，你会发现，它是非常详尽的读心术指导手册，它会教你在与人交往的过程中如何用一双眼睛洞察周围的事物和周围人的想法，从而用一种正确的方式来应对周围形形色色的人，助你到达成功的彼岸，赢得幸福的人生！

编著者

2017 年 4 月

目录 Contents

第一部分　解码微心理

第二部分　通晓心理效应

第三部分　实战微心理

第一部分

解码微心理

第1章 微表情心理：挖掘隐藏于微表情背后的信息

面部表情背后的心理秘密

表情是反映一个人内心活动的一面镜子，所以，我们说表情背后的秘密往往隐藏在人的内心，正因为如此，只要我们剖析了一个人的表情，那就可以顺着对方的表情窥测出其内心的活动。即便是不同种族、不同国籍的人，他们都有一个共同点：拥有快乐、悲哀、静穆和狂怒等复杂、丰富的表情。而通过这些表情，我们完全可以看出一个人的精神生活和内心变化，所以，我们说人的表情是其灵魂的一面镜子。在这个真假难辨的世界里，人的面部表情比语言、行为显得更加真实、更加直接。在转瞬即逝的微表情里，实际上隐藏着人真实的行为心理感受。

这是一场招聘会，面试官问："如果用一种水果来形容自己，你觉得哪种最合适？""请说出矿泉水瓶子的三种用途""如果让你帮姚明设计他在美国的厨房，你会如何设计？""你觉得专业和兴趣应该怎样跟社会实践相结合？"

面对面试官的步步逼问，场上的几位面试者表情迥异，有的开始挠头，有的开始紧抿嘴唇，有的眼睛盯着天花板。

三十秒的思考时间过去了，几位面试者开始回答问题。挠头的那位说话支支吾吾，他回答说自己像西瓜，但半天也说不出自己为什么像西瓜："我感觉我的内心不够坚强，就像西瓜，虽然外皮比较硬，但里面其实很柔软。"抿嘴唇的那位反复强调在实践中完善自己的专业知识，却说不清两者是怎么样结合的。

为什么说微表情隐藏着人们最真实的心理呢？

1. 微表情是转瞬即逝的

微表情，几乎是一闪而过，一般甚至清醒地展现表情的人和观察者都察觉不到这细微的变化。在表情实验里，只有百分之十的人能察觉到，这意味着，相比较人们有意识作出的表情，微表情更直接地体现了人们真实的感受和心理动机。尽管我们常常会忽略微表情，不过，人们的大脑依然会受影响，改变对别人表情的理解。

2. 微表情是无法伪装的

微表情作为心理应激微反应的一部分，由于是人类的本能反应，所以无法伪装。即便人们平时很努力地掩饰自己的真实感受，强颜欢笑，都只可以在出现的第一瞬间的微表情之后，才能表现出自己想要表达的表情。因此，微表情是了解一个人内心真实想法的最准确的途径。

在美剧《别对我撒谎》中，莱特曼博士有这样一句台词："你刚才双手抱胸同时后退，这是一种下意识的退缩和躲闪，你在说谎！"在剧中，他一次次通过"微表情"洞悉他人的心理，从而揭露出罪犯最真实的心理活动。可以说，人可以表现出成千上万、不计其数而十分微妙的表情，而且表情变化非常迅速、敏捷和细致，可以真实、准确地反映一个人的情感以及心理活动。在对方未开口之前，你就可以通过其表情得到一些信息，对其情绪、性格、态度等有所了解。俗话说："看人先看脸。"在这里，脸面不仅仅指的是人的长相，更主要是指表情。

不容忽视的几种表情

一个人主要有三种表情：面部表情、语言声调表情和身体姿态表情。在这三种表情中，面部是最有效的表情器官，其发展在根本上来源于价值关系的发展，人类面部表情的丰富性来源于人类价值关系的多样性和复杂性。或许我们不知道，每个人的脸部都能够传输信息，它本身就是媒介，一个人的面部表情主要表现为眼、眉、嘴、鼻、面部肌肉的变化。

那么，表情到底是怎么形成的呢?

表情通常是指人们通过姿势、态度等表达感情、情意。人们之所以有丰富的表情，那是因为人们有着丰富的表情肌，表情肌是头肌的一类，通常分布在口裂和眼裂的周围，比如眼轮匝肌、口轮匝肌都是起自颅骨，止于皮肤。表情肌收缩时可改变眼裂和口裂的形状，皮肤出现皱纹，从而表现出喜、怒、哀、乐各种表情，同时可以加上语言表达。在生活中，由于日常交际的需要，人们拥有了丰富的表情。

下面，我们列举出几种常见的表情器官，这其中的表情，你是否可以辨别呢?

1. 眼睛

它是心灵的窗户，可以最直接、最完整、最深刻、最丰富地展现出一个人的精神状态和内心活动，可以冲破习俗的约束，进行心灵之间的交流。无疑，眼睛是情感的第一个自发表达者，通过眼睛，可以看出一个人是欢乐还是悲伤，是烦闷还是高兴，是讨厌还是欣喜。同时，我们还可以从眼睛中判断出一个人是否在说谎，是诚恳还是虚伪。比如，正视他人，这表示其内心是坦诚的；眼神躲躲闪闪，这表示其很心虚。

眼睛的瞳孔可以反映一个人的心理变化：当人们看到自己喜欢的东西时，瞳孔会不自觉地放大；而看到自己厌恶的东西时，瞳孔则会缩小。

2. 眉毛

别看眉毛好像没什么表情，其实它也隐藏着不少的秘密。眉毛之间的肌肉皱纹可以表达人的情感变化。比如，柳眉竖立表示这个人在生气，横眉冷对则表示他对你有敌意，挤眉弄眼则这表示戏谑，低眉顺眼则表示顺从，扬眉表示心中的畅快，眉头舒展表示一切问题都解决了，眉梢有喜表示愉悦的心情。

3. 嘴巴

嘴部的表情主要体现在口型变化上。比如，伤心时嘴角会下撇，高兴时嘴角会提升，委屈时会噘起嘴巴，惊讶时会张口结舌，生气时会咬牙切齿，强忍痛苦时会咬住下唇。

4. 鼻子

鼻子也是有表情显现的，比如，心情烦闷时会耸起鼻子，轻蔑时会嗤之以鼻，生气时鼻孔会扩大，鼻翼翕动；紧张时鼻孔会不自觉地收缩，鼻息也会收敛起来。

5. 面部

面部表情是最为丰富的，我们就简单列举几个。比如，肌肉松弛表示心情愉快、轻松，肌肉紧张则表示内心痛苦。

当我们在"阅读"一张脸时，不经意会发现隐藏在其间的非常多的信息，其中还包括了脸部的基本结构和肌肉特性：你所看见的这张脸长且棱角分明，还是又圆又胖？一般情况下，当我们在生活中看到一张陌生的面孔之后，往往会翻开自己的名片夹，在之前认识的人中寻找出他们相同的地方。与此同时，我们会根据对方的眼镜、化妆、文身或穿戴等装饰作出自己的判断。

通过常见表情洞悉他人内心世界

人的脸部有43块肌肉，由于人们对"甜"和"苦"的生理反应，形成了"开心"和"不开心"两种最基本的表情。开心时，面部的肌肉自然松弛；不开心时，会伤心落泪，甚至表情比言语更能明显地表达心理的动态。由此可见，我们完全可以通过常见表情认知他人的心理。

人们常说："六月的天，孩子的脸——说变就变。"其实，孩子们的脸看似变化迅速，不过，与成年人的面部表情变化相比，那就逊色多了。而且，这两者是不同的：孩子脸上的变化是显著的、简单的；而成年人的面部表情变化却是微妙的、复杂的。一个人的面部表情，这和这个人的内心世界有着极为丰富且直接的关系。一个人的面部表情所表现的是他内心的真情实感。

小周的同学明天结婚，她打算去找领导请假。进门之后，小周发现领导正对着一张纸发愣，眉头锁在了一起。小周怯生生地走过去，把同学的大红请柬放到了领导桌子上，说明了来意。

没想到，领导看了看，说了句："单位这么忙，哪有时间老掺和这个？"说完，就继续低头看东西去了。

小周一脸郁闷地走出了办公室，以前自己请过几次假，领导都没有这样过啊，今天是怎么回事呢？过了几天，她才知道，领导夫妻闹矛盾，老婆给他扔下了一张离婚协议书，逼着他签字呢。小周正巧拿着结婚请柬去，不是自找没趣吗？

如果小周能通过领导表情识别其心理，那她就可以暂且不说自己请假的事情，那自然就给了自己一个进退自如的空间，而不是碰一鼻子的灰。

生活中，都有哪些常见的微表情呢？它们到底代表了什么样的心理呢？

1. 眼神

每个人的眼睛都能够发出各种信息，而这些神情往往就是他内心情绪的变化。比如，眼睛流露出善意，表明对方心地很善良；眼睛暴突，表明对方性情很凶恶。对方不同的眼神可以透露出不同的信息，而你只需要注意观察对方的眼神，就可以认知对方的心理了。

2. 各种笑容

不同的笑容代表着不同的心理，当一个人在笑的时候，眼角没有出现细纹，那他有可能是在假笑。反之，当他在微笑时，脸部出现了细纹，眼神明净，那表示他是真的在笑。

一个人的思想可以通过不计其数的复杂而微妙的表情表现出来，表情的变化是相当迅速的，但即便如此，我们还是通过表情准确地探知其心理活动。在生活中，有经验的人可以通过观察人的表情，探知到其内心世界。俗话说："看天要看云，看人要看脸；看云知天气，看脸知人心。”说的就是这个道理，当我们在观察他人表情的时候，应该从两个方面下手：一个是固化在人脸上的表情显示个人性格特点；另一个是表情细微变化显示个人心理变化。

常见神态表情的深度剖析

神态表情，大多指一个人面部所呈现出来的具体形态。表情，也就是人通过面部形态变化所表达的内心思想感情；神态，也就是人的面部所表现出来的神情态度。通常情况下，这两者是相通的，神态表情，其实主要是指人在脸上所呈现出来的态度变化。

从心理学上说，每个人的神态表情都反映着其相应的心理状态。比如，一个身体健康、心情愉悦的人，他的神态表情为红光满面、神采奕奕；相反，苦恼忧愁的人通常会愁云密布、眉头紧锁。其实，面相即为心相，一个人所自然表现出来的神态表情反映其心理状态。

《红楼梦》里，湘云给袭人带来绛纹戒指，黛玉笑她在“前日”没有让人把袭人的一同带来，“是个糊涂人”。湘云作了一番分辨。这时，宝玉、黛玉、宝钗等几个人都笑了。宝玉笑道：“还是这么会说话，不让人。”黛玉听了，冷笑道：“她不会说话，就配带‘金麒麟’了！”说着，便起身走了。幸而诸人都不曾听见，只有宝钗抿着嘴儿一笑。宝玉听见了，倒自己后悔又说错了话；忽见宝钗一笑，也不由得一笑。宝钗见宝玉笑了，忙起身走开，找了黛玉说笑去。

虽然大家都在笑，但由于每个人的心理不一样，他们所表现出来的“笑”这个神态语言也是千差万别的。宝玉的笑给人一种亲切的感觉，因为他习惯了与湘云开玩笑；黛玉的笑是妒忌的“笑”，她担心宝玉会因为金麒麟与自己生隙，顿生妒忌之情，而且这样的心理影响到了宝玉，“宝玉听见了，倒后悔自己又说错了话”；宝钗则是幸灾乐祸的“笑”，后来宝玉见宝钗笑了，也自我解嘲地“笑”了。宝钗见宝玉笑了，却又忙着走开，找黛玉“说笑”了，这里的“笑”是为了掩饰自己与宝玉的相视而笑。

下面，我们列举两种常见的神态表情。

1. 目光

泰戈尔曾说：“一旦学会了眼睛的语言，表情的变化将是无穷无尽的。”眼睛是心灵之窗，它可以如实地反映出人的喜怒哀乐。而由眼睛所表现出来的目光则是一种直接的神态表情，可以说，目光是富有表现力的一种“语言”，适当的运用能给交往带来好处。

2. 笑容

笑容，也就是人们在微笑时的神态。笑容的核心在于笑，也就是人的面部要呈现出愉快、欢乐的神情。笑主要以愉快、欢乐为首要特征，当然，笑容有很多种，如微笑、欢笑、狂笑、苦笑、奸笑、傻笑、冷笑等。不同的笑容，反映了人们不同的心理状态。

罗兰说：“面部表情是多少世纪培养成功的语言，是比嘴里讲的要复杂千百倍的语言。”确实，人类是生物界的宠儿，其神态表情简直可以说是变幻多端、不可胜数。即便如此，神态表情却是有共性的，它超越了地域文化的界限，可以成为一种人类的世界性“语言”，在世界上，神态表情是可以通用的。

在生活中，神态表情是传情达意的一种重要沟通方式，它是通过眼神、动作、面部表情等来表达内心思想的一种非语言形式。神态表情不仅仅彰显着自己的喜恶，更为重要的是，可以通过自己一颦一蹙的变化展现自己的内心世界。在现实生活中，不同性格、身份、经历的人，他们会有各种不同的神态表情。当然，单纯的神态表情并不能完成一次沟通，它必须根据事件、环境、心境等恰如其分地表现出来。

日常情绪中伴随的几种神态表情

一个人只要头脑还保持清醒，那他就会持续接收和处理各种来自外界的信息。比如，让人欢喜的事情，让人烦闷的事情，这些可以刺激我们内心情绪的事情发生之后，除了引起我们本能的反应之外，还有可能引起不同层次的情绪反应。即遇到欢喜的事情会高兴，遇到烦心的事情会悲伤。与此同时，我们的面部，就会呈现出各种各样的神态表情。

大量的实验表明，人脸的不同部位具有不同的表达情绪的作用。比如，眼睛对表达忧伤情绪很重要，口部对表达快乐和厌恶情绪很重要，而前额可以辅导表现惊奇的表情，眼睛、嘴巴和前额等对表达愤怒情绪很重要。人们之所以会呈现出不同的表情，那是因为其内心的情绪不同。当一个表情呈现出来之后，我们就可以对此判断出当事人正处于何种情绪。

表情是情绪的外在写照，透过表象窥探心灵的律动，把握情绪变化的尺度，了解感情互动的根源，表情是传递情绪变化信息的显示器。

大部分的人将常见表情分为7种，这7种表情都表达了不同的情绪。

1. 高兴

人们在高兴时的表情呈现为：嘴角上扬，面颊上抬起皱纹，眼睑收缩，眼睛尾部会形成“鱼尾纹”。

2. 伤心

人们在伤心时的表情呈现为：眉毛收紧，嘴角下拉，下巴抬起或收紧。

3. 恐惧

人们在恐惧时的表情呈现为：嘴巴和眼睛张开，眉毛上扬，鼻孔张大。

4. 愤怒

人们在愤怒时的表情呈现为：眉毛下垂，前额紧皱，眼睑和嘴唇紧张。

5. 厌恶

人们在厌恶时的表情呈现为：嗤之以鼻，上嘴唇上抬，眉毛下垂，眯眼。

6. 惊讶

人们在惊讶时的表情呈现为：下颚下垂，嘴唇和嘴巴放松，眼睛张大，眼睑和眉毛微抬。

7. 轻蔑

人们在轻蔑时的表情呈现为：嘴角一侧抬起，作讥笑或得意笑状。

我们在遭受外界刺激的时候，第一反应是惊讶，然后我们会产生两个方向的情绪：积极方向的情绪是不同程度的愉悦，消极方向的情绪则会依据刺激程度的不同而衍生出厌恶、愤怒、恐惧、悲伤。微表情研究的学者保罗·埃克曼教授指出："人类拥有 6 种跨种族、跨文明、跨地域的通用情绪和表情：惊讶、厌恶、愤怒、恐惧、悲伤和愉悦。"虽然，情绪和表情这两者从表面上看是不同的，但两者却是互相联系的。情绪用于处理外界带来的不同刺激，表情则是人类的另外一种交流方式。情绪和它们所驱动产生的表情之间，有着天然的联系。假如我们可以对外在的表情进行剖析，分析出面部表情背后的情绪，那我们就可以知道他人内心的真实想法。

细致观察，从表情的细微变化判断语言真假

在美剧《别对我撒谎》中，主人公卡尔用令人意想不到的方法轻松破案。有这样一个故事情节：卡尔没有逼供，没有物证，只是和爆炸案嫌疑人聊了一会儿，他捕捉到了对方耸肩、吸鼻子等几个转瞬即逝的表情、动作，便以此作为线索找出了爆炸物的安置点，这样的识别能力无疑让人目瞪口呆。

或许，有人会疑惑：他凭什么线索破案的呢？其实，答案很简单：微表情。即便表情是可以伪装的，但一闪即逝的微表情却是异常真实的。善于识别人心的人，往往能利用脸部细微表情动作分析他人的肢体语言和微表情，并识别其言语背后的真正意思，然后判断对方是否在撒谎。

毕加索和勃拉克都是伟大的艺术家，也是形影不离的好朋友。有一天，勃拉克很沮丧，他把一幅画画坏了，有不少人对那幅画的评价都不好。勃拉克自言自语道："真想把这幅画毁掉。""别，别毁了它。"毕加索眯着眼睛，在那幅画前踱来踱去，并不停地赞叹："这幅画真是太棒了！"勃拉克有点将信将疑："真的吗？"毕竟是朋友，又是个行家，毕加索的话让勃拉克动摇了。"当然，你把它送给我，我拿我的作品与你换，如何？"毕加索很肯定地说，最后，毕加索换回了那幅画。

几天后，一些朋友去勃拉克的画室，他们看到了毕加索的那幅画挂在勃拉克画室最显眼的位置。勃拉克满脸微笑，感动地说："这是毕加索的作品。他送我的，真是美极了！"这些朋友也去了毕加索的画室，他们诧异地看见勃拉克的"杰作"与毕加索的名作并排而挂。毕加索嘴角一侧抬起，满脸不屑地介绍："你们看看，这就是勃拉克画的东西。"

在这个案例中，我们来观察毕加索的表情，"眯着眼睛，在那幅画面前踱来踱去""嘴角一侧抬起，满脸不屑"，这些都是其真实的内心反映。由于勃拉克没能辨别出毕加索细微的表情，因此才遭到了毕加索的嘲笑。

那么，在生活中，如何才能捕捉到别人的细微表情呢？

1. 察言观色

你可以通过察言观色来判断对方说的话是否是真的，有可能是一个细微的动作，有可能是一个眼神，有可能是一个笑容。这些表情或动作，都在随时地告诉我们他内心究竟在想什么。

2. 观察对方表情是否前后一致

微表情是一种非常快速的表情，持续时间仅仅为1/25秒至1/5秒，正因为这样，大多数人往往不容易察觉到它的存在。但是，如果我们观察够仔细，还是能够从表情的变化之间搜索到一些细微的差别。比如，当一个人在咬紧双唇、沉默的时候，如果你仔细观察，会发现他紧握拳头，这表示他内心是极其愤怒的，但在强忍着。如果在这时，他说："我没生气。"这句话就是假的。

微表情研究者认为，在与人交往中，有90%的非语言信息来自面部，眼、眉、嘴、面部肌肉的细微变化，都会传递出不同的信息。其中，眼睛集中了面部表情的大部分信息，从眼神中有时可以判断出一个人是坦诚还是心虚，是诚恳还是伪善；而眼睛的瞳孔扩大，表示其内心的兴奋，瞳孔缩小，则表示内心十分厌恶。

解析复杂表情后的心理活动

在生活中，一些常见的表情，大多数人都会快速识别出来，而且可以通过这些表情判断出当事者的心理活动。通常情况下，年龄不超过3岁的孩童，根本没有办法识别所有的基本表情，不过，对于那些心智正常的少年，以及年龄更大的人，他们对于生活中常见的表情通常不会存在识别上的障碍。但是，表情既是简单的，同时也是复杂的。说它简单，在于一个人的脸上只会露出悲伤、惊讶、厌恶、愤怒、恐惧和愉悦这6种表情，很容易辨别；说它复杂，在于不同的表情所透露出来的意义却是不同的，甚至，一些细微表情的插入，也会给我们的识别工作带来障碍。

其中，微表情属于复杂的表情。有时候，我们觉得某些表情看上去很眼熟，但普通人却难以准确地判断出当事者的心境，也许会有所察觉，但不够清晰、不够确定。而且一些自控能力超强的高手所露出来的表情，很容易迷惑我们，不容易识别。

1966年，Haggard和Isaacs率先提出“微表情”这一概念，认为它与自我防御机制有关，表达了被压抑的情绪。但在当时，他们的研究并未引起重视。1969年，一个偶然的机会，Ekman和Friesen也独立地发现了微表情。他们受一位精神病学家的委托，对一段录像进行检测。在这段录像中，抑郁症患者玛丽似乎并无异常表现，显得很乐观，笑容很多，表面上没有任何企图自杀的迹象。

Ekman 和 Friesen 在对该录像进行慢速播放并逐帧检查时发现，玛丽在回答医生提出的关于未来计划的问题时出现了一个强烈的痛苦的表情。在整段视频中，这个表情只占据了两帧画面，持续时间仅为 1/12 秒。对这样一闪即逝的表情，他们称为微表情。

原来，微表情既可以包含普通表情的全部肌肉动作，也可能只包含其中的一部分。微表情通常会在人们想撒谎时出现，流露出想压抑与隐藏的真实情感，这是一种自发性的表情动作，但其表情的复杂性，给我们识别其真实心理活动带来了一些障碍。

由于表情的复杂性，我们除了需要能够熟悉表情细微变化所属的表情特征之外，还需要具备稍微多一些分辨表情真假的能力。通常情况下，情绪引发的真情为真，思维控制的表情为假。复杂的表情，通常是真假混合为一体的，这样的表情带有表演的痕迹。当我们在考虑需要露出一个伪装的表情时，通常会需要通过想来完成，不过，在思考之前，有一个十分短暂的瞬间，这时身体会作出相应的反应和变化，其中包括脸上的肌肉运动。在这个过程中，难免会露出一点真情绪，不过，快速思考之后，虚假的表情就会呈现出来，即便表演得很高明，也难免会有痕迹，这就是复杂表情的发展过程。

你知道有哪些伪装性的表情

一个人所拥有的许多表情，其实是有生物学基础的。比如，大脑中的杏仁核区域控制着人的害怕情绪表情，当一个人受到威胁的时候，杏仁核区就会传递信息，人就会做出恐惧的表情，这是自然的反应。但在很多时候，人的表情是可以伪装的，也就是说，某些表情是故意装出来的。在这方面，如果你经常看电视就可以见识到演员的演技了。在电视剧中，明明知道他们所扮演的是一个虚拟的角色，这样的角色只存在于大屏幕上，但那些演技颇高的演员却以生动的表情迷惑了观众，当悲情剧上演的时候，电视机前尽是观众的哭泣声。对此，我们不得不佩服演员的深厚功底，同时，也不得不承认，神态表情是具有伪装性的。

如果我们在百度上搜索微笑的表情，那一定会出现奥黛丽·赫本的经典笑容，那是一张她端庄微笑着的照片。然而，对于这样的微笑，却有微表情研究者说："这就是典型的假笑，是为了摆造型做出来的笑。"同时，他说道："还有，当人的脸部表情两边不对称的时候，表现出来的感情可能是装出来的。如果先突然大声说话，然后再用手猛拍桌子，这是对可怕事情反应的手势时间差。假如是真的发火，那这两个动作应该是同时进行的。"

原来，笑容也是可以伪装的。当我们在识别笑容的真伪时，最重要的是看鱼尾纹肌，不论是小孩还是老人，在真笑时，都会咧开嘴，嘴角向上，鱼尾纹肌是皱在一起的。不管是否有鱼尾纹，鱼尾纹肌的变化都是一样的；而假笑时，嘴部的变化与真笑是一样的，但鱼尾纹肌是没有什么变化的。

神态表情是如何伪装的呢?

1. 有情绪不一定有表情

生活中，人与人之间的交往会遵循许多社会准则，在这样的情况下，能够随意地呈现自己情绪的场景并不多见。在很多时候，人们情绪的表达会受到一定的约束和限制，在这样的情况下，表情就会显得很隐晦，甚至会出现伪装的表情，就好像每个人都戴了一张面具。

2. 有表情不一定有情绪

一个人随着社会经历的增加，他们会随意做出各种常见的表情，这种事情对于演员而言会更加容易。通常情况下，优秀的演员可以在两秒钟内精准地控制某一只眼睛默默流出眼泪。因此，如果我们观察到了某种表情，并不能确认这个人内心产生了相应的情绪，因为这个表情有可能是伪装的。

人都是善于伪装的动物，而这个世界，真假难辨。这一点无论你接受与否，它都是客观存在的。每个人都扮演不同的角色，随着地方的不同、面对对象的不同，那么他所呈现的表情也是不同的。很多人善于通过自己的面部表情来掩盖真实的自己。其实，他的一个眼神、每一个微笑都有特别的含义，只要你读懂那些表情，就有助于你读懂对方。

第 2 章　微动作心理：小小动作随时都在“表达”内心

那些身体上的语言，你读懂了吗

日常生活中，人们常常提到身体语言，那么，什么是身体语言呢？人在做出相对应的肢体动作的背后隐藏的含义称为身体语言。身体语言代表此人心里最深处的想法，这是最真实的感受。可以从身体语言中判断此人是否说谎，是否隐瞒，是否具有可信性与行为理解能力。能帮助你快速看清他人的真实意图，适应社会交流。

身体语言的用途很多，但最直接的莫过于我们可以通过阅读一个人的身体语言来了解其情绪、感受，进而知晓其内心世界。心理学认为我们的大脑和身体的各个部位是同步的。当我们受外界刺激时，比如，听到某些话或看到某些人，大脑产生某种想法或感觉，与此同时我们的身体会做出与这些想法、感觉相对应的反应，并通过表情、肢体动作或姿势等反映出来。因此，通过观察一个人的身体语言，我们就能大体上推断出这个人的思想或情绪状态，并以此预测他下一步的决定和可能采取的行动。这一点无疑可以帮助我们建立和促进人与人之间的关系，在工作和生活中更自信、更有分寸地处理、把握各种不同的人际关系。因此，我们可以说，身体语言是不可忽视的信息传递员。

在《红楼梦》中，有这样的一个情节：

贾敬大寿，宁府设宴唱大戏，少不了亲戚朋友捧场。王熙凤因为秦可卿重病，先去探望病人，在穿过花园去赴宴的途中遇见了贾瑞。凤姐儿正自看园中的景致，一步步行来赞赏。猛然从假山石后走过一个人来，向前对凤姐儿说道：“请嫂子安。”凤姐儿猛然见了，将身子望后一退，说道：“这是瑞大爷不是？”贾瑞说道：“嫂子连我也不认得了？不是我是谁！”凤姐儿道：“不是不认得，猛然一见，不想到是大爷到这里来。”贾瑞道：“也是合该我与嫂子有缘。我方才偷出了席，在这个清净地方略散一散，不想就遇见嫂子也从这里来。这不是有缘吗？”一面说着，一面拿眼睛不住地觑着凤姐儿。

不得不说，王熙凤虽然有时候心肠歹毒，但她是个出色的交际家，更能看穿一个人的心思。这个情节中，凤姐儿自然能从贾瑞的表情中看出他的叵测居心，从下文中，我们了解到，她对贾瑞一番戏弄以后，看贾瑞远去，心里暗忖：“这才是知人知面不知心呢，哪里有这样禽兽的人呢。他如果如此，几时叫他死在我的手里，他才知道我的手段！”而贾瑞也最终被王熙凤戏弄致死。姑且不去讨论王熙凤的歹毒，我们可以发现，正是王熙凤的八面玲珑和敏锐的观察力，她才能在贾府中如鱼得水，处在一人之下万人之上。

以下是一些与人交往过程中的常识性身体语言，需要我们掌握。

付账：右手拇指、食指和中指在空中捏在一起或在另一只手上做出写字的样子，这是在餐厅要付账的手势。

愤怒、急躁：两手臂在身体两侧张开，双手握拳，怒目而视。也常常头一扬，嘴里咂咂有声，同时还可能眨眨眼睛或者眼珠向上和向一侧转动，也表示愤怒、厌烦、急躁。

很骄傲、不可一世：用食指往上鼻子。

赞同：向上翘起拇指。

讲的不是真话：讲话时，无意识地将一食指放在鼻子下面或鼻子边。而听话者边听边摸鼻子也是认为：讲的不是真话。

别作声：嘴唇合拢，将食指贴着嘴唇。

害羞：双臂伸直，向下交叉，两掌反握，同时脸转向一侧。

威胁：由于生气，挥动一只拳头的动作似乎无处不有。

受挫折：双手握着拳使劲摇动。

绝对不同意: 掌心向外，两只手臂在胸前交叉，然后再张开至相距一米左右。

因为事情失败而颓废：两臂在腰部交叉，然后再向下，向身体两侧伸出。

当然，观察他人的身体语言只是我们识别他人内心世界的一个方面，需要我们掌握和了解的还有很多，但最重要的是要懂得观察，于细微处看出一个人的心理动态，这样，即使面对那些城府较深的人，也能先观其心而做出具体的应对策略。

在日常生活中，如果仅凭一个人的一面之词与人交流，那么，我们很可能会对交流对象形成错误的判断。这增加了人们之间的隔阂，而不是互信。如果多角度观察，综合判断，我们就能够发现许多有价值的信息。

识别身体语言的十个要点

在我们的生活中，大部分都希望能掌握窥探他人内心的本领，因为这能帮助人们更好地参与人际交往，达到交往目的。当然，不是所有人都能掌握这一本领，为此，心理学家建议，要想掌握身体语言的秘密，你需要掌握十个方法。

要点 1：用心观察，做个称职的观察者。

对于想解密身体语言的人来说，这是最基本的要求。

现在，我们先来假想一下，假设坐在你对面的人正在向你倾诉内心的苦水，但你的耳朵里却塞着耳机，不难想象，这是一件多么愚蠢的举动。任何一个称职的聆听者都不会带着耳机参与谈话。

事实上，一些人在面对他人身体语言时，就好比戴了耳机一样，根本没有察觉到对方身体发出的信号。所以说，许多身体信号不是无法发现，而是人们疏于观察。心理学家曾做过这样一个有趣的实验：

为了训练学生的观察力，实验者穿上了大猩猩服饰，从人群中走过，与此同时，其他的一些活动也在进行。实验表明，有一半左右的学生没有注意到这只异常的“大猩猩”。

在我们的生活中，可能你也会经常听到这样一些抱怨：

“那时候我在跟他争吵，但不知不觉中，他居然打了我，我怎么就没有察觉到呢？”

“昨天我的丈夫突然对我提出来离婚，我当时都懵了，我以为他一直很满意我们的婚姻。”

“学校老师打电话来告诉我，我那15岁的儿子居然嗑药3年了，但是我一直都不知道。”

“我以为老板对我的工作很满意，但是没想到他却把我解雇了。”

从这些抱怨的话中，我们看到了悔恨和惊诧，之所以会有这样一些结果，与他们疏于观察是分不开的。

的确，在从小到大的学习中，我们并未接受观察这门课程的教育。幸运的是，在后天的努力中，我们是可以获得这门技能的。你需要做的是让观察——用心地观察——成为你生活的一部分。对周围世界的观察不应该是一种消极的行为，而应该是一种自觉的、投入的行为，是一种需要付出努力、精力和专注力方可练就的能力，同时，它也应该是一种需要长期训练才能获得的能力。

要点2：结合具体环境观察。

观察他人的身体语言时，如果你能将其所处的环境考虑其中，你的理解会更透彻。

比如，假设你所观察的对象是刚目睹一场车祸的人，你会发现，他表现得很震惊，然后会茫然地走来走去，甚至还有可能走向那些经过的车辆。之所以会有这样的表现，是因为人们的大脑受到边缘系统的控制，于是就会出现颤抖、迷失方向、紧张等不适现象。

所以，当一个人出现以上现象时，我们可以想一想其中的原因。

要点3：认识普遍存在的非语言行为。

有些身体语言具有普遍性，例如，人们有时会紧闭双唇，这清晰说明了他们遭遇了麻烦或什么地方出现了问题，这被称为嘴唇按压。抓住对方一点点不自觉的动作，有时可以有效地处理一些问题。

要点 4：解密特异的身体语言。

普遍的非语言行为构成了一组肢体线索，每个人几乎都是一样的。但还有一种身体语言线索，只专属于某一个个体的独特信号。

想要识别他们，就需要仔细观察周围的熟人，相处越久，就越容易发现。例如，你的同学在考试前有挠头或咬嘴唇的动作，你应该明白他非常紧张，这样的举动是他缓解压力的方法，以后你便会一遍又一遍地看到。

要点 5：与他人互动时寻找基线行为。

对于你周围的人，你必须注意仔细观察他们，比如，他们的坐姿是怎样的，常常如何摆放物品等，这样能帮助你分辨出他们的常态与特殊状态。

要点 6：寻找多种信息，综合判断。

恰当的应对能力能提高你通过观察获得多种信息的能力。掌握的行为信号越多，越能帮助你接近最真实的答案。

要点 7：一个人行为的变化很重要，它会告诉你这个人的思想、情感、兴趣和意图。

比如，当一个满心欢喜奔向主题公园的孩子被告知公园已经关门的时候，他的行为会立刻发生变化；当我们从电话里听到不好的事情或看到某种令人伤心的事情时，我们的身体会马上对这种刺激做出反应。

要点 8：学会发现虚假的或误导性的非语言行为同样很重要。

练就这种区别真线索和误导性线索的本领需要大量的实践与经验，不仅需要用心观察，还需要缜密判断。

要点 9：区分舒适与不适，帮助你找到译解非语言行为的侧重点。

要点 10：观察要细微。

生活中，大多数人都注意不到周围世界的细节变化，也就意识不到周围环境的丰富多彩。一个人手脚的动作可能与他的思想或目的大相径庭，但是却没人发现。

从微动作探究他人语言真假

中国有句俗语：“人心隔肚皮，人心莫测。”人与人交往的时候，一些人更是处处设防，以免上当受骗。特别是一些老于世故的人，喜怒不形于色，我们很难单从语言上看出其内心活动。而如果我们能从对方的微动作着手，观察对方的细小举动，就能窥探出对方的真心。为此，与人交往中，我们要学会眼观六路、耳听八方，更要练就火眼金睛，一眼就洞察出他人的内心世界。

我们先来看看看下面这一场景。

客户：“我看我还是不买了，我刚在隔壁商场买过一套差不多的。”这位小姐还是放下了刚刚试过的一套化妆品，挑选了很久的她终于停下了脚步。为其介绍产品的是销售员小李，小李听到客户这样说，并没有放弃推销，因为她发现了一个很小的细节：客户在说这句话的时候，下意识地用手遮住了嘴，学过销售心理学的她明白，客户其实并没有说真话，而同时，客户进店后并没有再看其他产品，这更让小李确信自己的判断。

于是，她尝试着问：“小姐，您是不是觉得这款护肤品贵了呢？”

客户：“是有点贵。”

小李：“那您认为贵了多少钱呢？”

客户：“至少是贵了500元吧。”

小李：“小姐，您认为这套化妆品能用多久呢？”

客户：“这个嘛，我比较省，怎么也能用半年吧。”

小李：“如果用原来牌子的化妆品，要用多久呢？”

客户：“原来那个两个月要买一套吧，因为效果不太明显。”

小李：“这样吧，您看原来那个牌子的化妆品是200元一套，可以用两三个月，我们按照三个月计算，您半年需要花 400 元，但是小姐，实不相瞒，我们这种化妆品如果您比较省，至少可以用一年，这是许多客户得出的经验，由于它富含的营养成分比较多，所以只要稍微用一点，就可以了。”

客户：“真的是这样的吗。”

小李：“这是我的客户共同见证的。这个周末您有时间吗？我已经约了所有客户举行一个联谊，希望您也能参加。”

客户：“这样啊，好，我相信其他女孩子的眼光……”

这则案例中，我们发现，化妆品销售员小李的销售方法值得我们学习，这里，她之所以能判定出客户所说“我看我还是不买了，我刚在隔壁商场买过一套差不多的”并非实情，是因为她观察到客户的一个下意识动作：下意识地用手遮住了嘴，一般来说，这是人们没有说实话的表现。

的确，人们所表现最显著、最难掩的部分，不是语言，而是下意识行为。人人都会说谎，说谎时往往有很多漏洞。因为人在说谎的时候，心理因素异常，他们常常会辅之以动作。通过这些动作，我们往往可以阅读说谎者的心理状况。那么，具体来说，人在说谎时都会有哪些微动作呢？

1. 摸鼻子

摸鼻子的姿势是护嘴姿势比较世故、隐匿的一种变化方式。它可能是轻轻地来回摩擦着鼻子，也可能是很快地触摸。女性在做这种动作时，会非常轻柔、谨慎，因为怕脸上的妆容被弄糟了。曾有心理学家称：当不好的想法进入大脑之后，人们会下意识指示手遮着嘴，但到了最后关头，又怕表现得太明显，因此，就会很快地在鼻子上摸一下。摸鼻子和遮嘴一样，摸鼻姿势对说话人来说表示欺骗，对听者来说则表示对说话者的怀疑。

2. 掩嘴

当人们用手遮嘴，拇指压着面颊，那么，他的潜意识中是大脑指示手做这样的姿势以压制谎言从口而出。有时只是几个手指，有时整个拳头遮住嘴巴，但意思都一样。遮掩嘴巴，是想隐藏其内心活动的特有姿势。

3. 拉衣领

心理学家称，当人们说谎时，在面部和颈部之间的组织会产生一定的刺痛感，因此，他们可能会无意识地拉一拉衣领，以减少这种感觉。

4. 搓耳朵

有些人在说谎时，会不停地用手拉耳垂或将整个耳朵朝前弯曲在耳孔上。

5. 揉眼睛

一般来说，男女说谎时揉眼睛的动作不同，男人说谎时，常常转移视线，如用眼睛看着地板。而说谎的女人，一般都是在眼的下方轻轻地揉。

总之，聪明的人不会只听交往对方的语言，而且还会观其微动作，因为言语可以用假装来掩盖，而微动作的真实性却高得多。

行为心理学家认为，我们不仅可以从一个人的面部表情识别其话语的真实性，更可以通过其肢体动作看出其话语的真实性。因为说谎是一种复杂的行为，要做到让人相信，需要动员全身的器官共同“演戏”。一般来说，无论一个人的说谎技术如何高明，为了掩盖谎言，他都会无意中做出一些小动作，因此，善于观察的人，看一个人的动作就可以断定对方是否在说谎。

解读身体语言要综合多种因素

我们都知道，一个人的性格、情绪、人品都溢于言表，一个人的内心世界也不可能没有外露的部分，一个人在坐立行时表现出来的身体语言就是很好的表露，只要我们善于发现，然后加以分析，即使“伪装”得再好的人，我们也能发现其破绽。

然而，人的身体部位在不同环境、情景以及受到不同的生理作用的影响，它们所传达的心理信息是不同的，只有综合考虑各方面的因素，才能帮助我们正确地做好心理分析。可能你经常听到身边的人这样说：

“他今天居然连胡子都没刮，一定是跟女朋友吵架了。”

“开会时老板一直看着我，对我点头微笑，一定是觉得我表现很好。”

“他说话一直在搓手，肯定有强迫症。”

……

有些人喜欢这样揣测他人的心理和情绪，而实际上，这些揣测并不一定正确，原因很简单，他们对他人的身体语言的分析并不到位，比如说，“胡子没刮”，原因有很多种，可能时间不够，可能是其他生活问题，把原因归结于“和女朋友吵架”未免太过武断；“开会的时候老板的笑容”可能是针对所有人的；喜欢“搓手”，也有可能是因为紧张，并不完全是因为强迫症导致的……

很明显，如果要正确解读他人的身体语言，我们必须综合考虑，掌握一些解读的规则，这些规则有以下三个。

1. 理解要连贯

一些人经常会犯一个最致命的错误，那就是将研究对象的某个动作或者表情分离开来，他们忽视了其他相联系的表情、动作，只是孤立、片面地解读他人的肢体语言。

比如，在与人说话时，他们看到对方挠头，就以为对方是尴尬，其实，挠头的原因有很多，比如，去头屑、头痒、不确定、健忘或者撒谎等，所以，其具体含义应当取决于同时发生的其他表情和动作。

其实，和句子一样，我们说的每句话也是可以分解的，可以将其分解为词组、标点等，每一个表情或动作就好比一个单词，而每一个单词的含义都不是唯一的。

因此，只有当你把一个词语放到句子里，配合其他词语一起理解时，你才能彻底弄清楚这个词语的具体含义。以“句子”的形式出现的动作或表情被称为肢体语言群，就好比我们如果想说一句话，就至少需要用 3 个词语来组织才能清楚地表达说话的目的。可以这么说，如果一个人能够读懂无声的肢体语言长句，并且能准确地将他们用有声的话语表达出来，那么，他的感知力一定很强，或者说他的直觉一定很灵敏。

所以，如果你想获取准确的信息，就应该连贯地观察他人的肢体语言。

当我们感到无聊，或是有压力的时候，我们常常会不断地重复做一个或者多个动作。不停地摸头发或玩头发就是这种情况下我们最常见的一种表达方式，可是，假如不考虑其他动作或表情，同样的动作却很有可能是因为这个人心中很焦虑，或是不确定。

2. 寻找一致性

研究表明，通过无声语言传递的信息所产生的影响力是有声话语的5倍；而且当两个不同的人进行面对面交流的时候，尤其当这两个人都是女人时，她们几乎会全部依赖无声的肢体语言进行交流，而无视有声语言所传递的信息。

西格蒙德·弗洛伊德曾经遇到过一个案例。案例中，病人告诉他，她的婚姻生活十分幸福。在谈话中，这位病人不断地将她的结婚戒指取下，然后又戴上。弗洛伊德注意到了这一无意识的小动作，他很清楚这意味着什么。所以，当有消息传来她的婚姻出现问题时，弗洛伊德丝毫不感到惊讶，因为一切都在他的意料之中。

观察肢体语言群组，注意肢体语言与有声语言的一致性就好比两把金钥匙，能够帮助我们打开肢体语言的宝库，从而正确地解读无声语言背后的真正含义。

3. 理解要结合语境

对所有动作和表情的理解都应该在其发生的大环境下来完成。

举个很简单的例子，在地铁里，寒风瑟瑟，你看到一个人，他双手抱在胸前，那么，你应该很清楚的是，他这样做，并不是为了保护自己，而是为了取暖。同样的动作，如果放到谈判桌上，那么，对方的意图就是自我保护，你应该明白，他其实是想借此告诉你，他对你的话持否定的态度，或者他对你持有敌意。

身体就像一个无法关闭的传送器，时刻传送着人们的心情和状态。语言通常用来表达正在思考的东西或概念，而非语言信息则较能传递情绪和感受。因此，在解读时，必须综合多方面因素考虑。

相同的动作，不同的含义

我们都知道，不同国家的文化背景不同，交际方式也不同，我们先来假想一下：

有一个中国男人，他在跟一个美国妇女谈话时看着对方，这是否失礼？

我们摇头通常表示“不”的含义，在其他国家也是吗？

在大街上，你看见两个同性青年勾肩搭背或者手牵手，你有没有觉得怪异？

……

以上这些都属于非语言范畴，也就是身体语言。的确，我们在与人交往时候，沟通的方式绝不仅限于语言，还有肢体动作。举手投足之间，你都在向别人传递信息。按照中国人的习惯，点头表示赞同，微笑表示欢迎，皱眉表示厌烦，等等，这些简单的小动作其实都是文化的一部分。

然而，大部分人都没有意识到的是，即便同一个动作，在不同的文化背景下，它的意义也可能不同。不同的民族有不同的非语言交际方式。拿点头这个最具有普遍意义的动作来说，在中国和美国表示赞同，但在尼泊尔、斯里兰卡和爱斯基摩，却表示“不”，可能你会觉得匪夷所思，但这就是文化差异。我们在与其他国家的人交流时，即便你能熟练地运用外语，也还是应了解他们的手势、动作、举止所表达的含义，只有这样，才能减少交流误差。

我们先来看下面这个故事：

美国纽约的一所中学里有很多外籍学生，其中就有一个10来岁的波多黎各姑娘，她是一名品学兼优的学生，但最近，学校的校长却怀疑她和另外几个女孩在学校抽烟，认为她做贼心虚，他的理由是，这名女孩被校长叫到办公室以后，总是低着头，不敢正视校长的眼睛。最后，校长将这个拒不承认错误的女孩赶出了学校。

女孩的父母在知道这件事后，请来家庭教师，这名教师刚好是拉丁美洲出生的，在经过一番盘问后家庭教师发现，女孩与校长之间只是误会一场。

于是，家庭教师来到校长的家里，对校长解释说：就波多黎各的习惯而言，好姑娘“不看成人的眼睛”这种行为“是尊敬和听话的表现”。

校长是通情达理的，他接受了家庭教师的说法，并承认了自己的错误，妥善处理了这件事。这种目光视向不同的含义给他留下了很深的印象，也使他记住了各民族的文化是多种多样的。

这就是典型的因为文化差异造成的误会。肢体语言的一个重要方面是目光接触。在一些国家里，人们认为能直视对方的眼睛是很重要的。大多数美国人便是这样认为的，而在另一些英语国家，盯着对方看或看得过久都是不合适的。即使用欣赏的目光看人——如对方长得漂亮——也会使人发怒。

接下来，针对同一动作在不同文化背景下的不同含义，我们可以作一些简单归纳。

掌心向下的招手动作：在中国主要是招呼别人过来，在美国是叫狗过来。

OK手势：这一手势本来源于美国，表示“同意”“顺利”“很好”的意思；而法国表示“零”或“毫无价值”；在日本是表示“钱”；在泰国表示“没问题”；在巴西表示粗俗下流。

翘起大拇指：一般都表示顺利或夸奖别人。但也有很多例外。在美国和欧洲部分地区，表示要搭车，在德国表示数字“1”，在日本表示“5”，在澳大利亚则表示骂人“他妈的”。与别人谈话时将拇指翘起来反向指向第三者，即以拇指指腹的反面指向除交谈对象外的另一人，是对第三者的嘲讽。

V形手势：这种手势是第二次世界大战时英国首相丘吉尔首先使用的，现在已传遍世界，是表示“胜利”。如果掌心向内，就变成骂人的手势了。

在英语国家里，一般的朋友和熟人之间交谈时，避免身体任何部位与对方接触。即使仅仅触摸一下也可能引起不良的反应。在许多国家，两个妇女见面拥抱亲亲是很普遍的现象。在多数工业发达的国家，夫妻和近亲久别重逢也常常互相拥抱。两个男人应否互相拥抱，各国习惯不同。阿拉伯、俄国、法国以及东欧和地中海沿岸的一些国家里，两个男人也热烈拥抱、亲吻双颊表示欢迎，有些拉丁美洲国家的人也是这样。不过，在东亚和英语国家，两个男人很少拥抱，一般只是握握手。

在英语国家，同性男女身体接触是个难以处理的问题。一过了童年时期，两个人就不应手拉手或一个人搭着另一个人的肩膀走路。这意味着同性恋，在这些国家里，同性恋一般会遭到社会的强烈反对。

总之，在不同国家、不同地区、不同民族，由于文化习俗的不同，同一动作的含义也有很多差别，所以，肢体语言的运用只有合乎规范，才不至于无事生非。

文化背景不同，即便相同的动作，也有不同的含义，事实上，对肢体语言的研究有助于对语言的研究。另外，有些时候，人的动作与说的话不一致，口头说的话与肢体语言表达的意思不一样。这时，我们要将二者与整个情景结合起来理解，以免发生误解。

借助微动作拉近心理距离

我们通常会以为交际的技巧在于口头语言上，其实，这只是人们的主观感受，事实并不是如此。人们使用最频繁的是非语言的交谈方式，也就是人们常说的“肢体语言”，它通常是在说话之前就已经表达出了我们的感觉和态度，反映了我们对他人的接受度。有数据显示，一个人要向外界传达完整的信息，单纯的语言成分只占 7%，声调占 38%，另外 55% 的信息都需要由非语言的体态来传达。而且因为肢体动作通常是一个人下意识的举动，所以，它很少具有欺骗性。

既然微动作在人际交往沟通中起着如此重要的作用，那么在交谈的时候，一定要注意肢体动作的利用。尤其是与陌生人交往的时候，善用微动作，能有效地拉近彼此间的距离。

这需要我们从现在起，尝试使用以下这些肢体动作。

1. 接触

比如握手，这不仅是一种礼节，更能体现你的热情与友好，几乎所有人都喜欢这种身体接触。

有一次，林肯乘船沿河视察。途中，他与船员一一握手，一位加煤工腼腆地缩着手说：“总统，我的手太黑了，不便与您握手。”林肯爽朗地笑着说：“把手伸过来吧，你的手是为联邦加煤弄黑的！”林肯总统的手和加煤工的手紧紧地握在了一起。

抛开国体、政体不谈，假如我们是那些船员，是那个加煤工，领袖能如此平易近人地与自己握手，我们会认为这是领导对自己所做工作的肯定，我们自然会更加勤恳工作。俗话说：“握不好手，办不成事”，可见，握手在人际交往中的重要性，那么，我们该怎样才能“握好手”呢？

比如，参加聚会时应先与主人握手，再与房间里其他人握手。如果男士与女士握手时需待女士先伸出手，而不能主动与女士握，握时轻握女士的手指部分，不要握手掌部分。不要随便主动伸手与长者、尊者、领导握手，应等他们先伸手时才能握。对方可能未注意自己已伸手欲与之相握，因而未伸手，此时应微笑地收回自己的手，无须太在意。

2. 展开你的笑颜

人们对于那些总是报以微笑的人似乎总是多一份好感。微笑是一种易于接受的非言词信号，给人以友好、热情的印象。

当我们对他人微笑时，传递的是友好、渴望沟通的信息，对于对方来说，也自然能感受到你的暗示，那么，他们通常都会同样以微笑来回答你。

很多心理学家也都指出，微笑是与人交流的最好方式，也是个人礼仪的最佳体现。我们可以从日常观察中发现，没有谁喜欢看到与之交往的对象愁眉苦脸的样子。因此，你若希望给对方留下一个好印象，就一定要学会露出受人欢迎的微笑才行。

当然，你应该注意的是，微笑并不是简单的脸部表情，它应该体现整个人的精神面貌。所以，我们可以在平时多对周围的人发自内心地微笑。这样，就能避免在与他人沟通时僵硬地笑了。

当你闲来无事时，你可以尝试以下这种训练微笑的方法：先坐在镜子前，整理一下自己的衣服，闭上眼睛，调整你的呼吸使之匀速。然后开始深呼吸，让你的心静下来，接下来，睁开眼睛，看看镜子里的你是不是觉得清爽了很多，既然如此，那么，笑一笑吧：让你的嘴角微微翘起，舒展你的面部肌肉。如此反复。训练时间长度随意。这是一种最常见并有效的训练方法。

3. 张开你的双臂

这是一个热情的动作。可以想象，一个人交叉双臂站着或坐着，说明他很冷漠，一点也不高兴。给他人的感觉是：不愿意交谈，有防备心，将自己封闭起来。手捂着嘴（或手捂着嘴笑）或支着下巴的动作表明你正在思考。别人见你一副沉思状，可能就不会打扰你吧。另外，如果你双臂交叉，你自身也会显得局促不安，从而让他人也不愿意靠近你，因为在与你交谈的时候，他们也会感到不自在。

所以，如果你想向对方表达出你的热情，就张开你的双臂，即便看起来有点夸张，但也比交叉抱着双臂要好得多。

4. 身体微向前倾

当你和对方谈话的时候，身体微微前倾，这表明你对他的话题感兴趣。而这对于他来说，显然是一种尊重，他自然很愿意同你交谈下去。

人与人的沟通中，真正展现热情与真诚的并不一定是语言，也就是说，也许最重要的交谈技巧之一并不是语言，而是我们的身体。掌握一些基本的微动作，就掌握了与人初次交谈的一种本领，保证能让你吸引对方的注意力。

第3章 微反应心理：下意识的反应更真实

微反应的定义

微反应的全称，应该是“心理应激微反应”，它是人们在受到有效刺激的一瞬间，不由自主地表现出来的不受思维控制的一刹那的真实反应。假如我们一定要为“微反应”这个心理学领域的新词找到一个心理词汇来对应的话，那它的英文应该是“Micro-expressions”，通常我们会称之为微表情。

“Micro-expressions”这个词汇是怎么来的呢？随着美国电视剧的快速普及，许多人都已经知道了这个词汇——微表情。实际上，这个词汇并不是电视剧制造出来的，而是源于一个心理学概念词汇。微表情，即时间非常短的或不充分的面部表情，主要用于判断被测试人的真实情绪，可用于测谎。不过，我们翻开英语词典，就会知道“expression”这个词语的中文意思不但指的是表情，而且涵盖了表达、表现、词句等多种意义，最标准的译法就是“表达方式”。

举个例子，著名美剧《老友记》第二季第一集，Rachel 意外得知 Ross 找到新女友后，表现失常，脱口而出一句“Isn’t that just kick-you-in-the-crotch, spit-on-your-neck fantastic？”（直译的话，这些语法就很有力度了：这难道不是很爽吗？爽到如同一脚踢在裆里，然后再往脖子上吐一口痰。）

Ross 的妹妹 Monica 有点窘，替 Rachel 解围性地解释道：“It is an expression。”翻译过来应该是：这是一种表达方式（Rachel 当时处于羡慕妒忌恨的状态，她的潜台词是很有力度、很刺激、很让人兴奋的 fantastic）。

在这个例子中，我们可以知道“expression”这个词语包含的多种意义。而

“面部表情”对应的英文原文应该是“facial-expressions”。这表示当我们需要分析一个人的真实心理状态时，不应该仅仅局限于他的面部表情，还需要通过观察并分析其表情、肢体动作、语言意义等表现，才能准确而全面地进行判断。所以，“micro-expressions”一词直译过来不仅仅局限于面部的微表情。这里的“expression”一词可以翻译为“表现”。表现，有可能是故意做出的行为，我们可以用此来判断其心理状态，甚至用来测谎。

1. 微反应注重“微小”

心理学家认为，大多数人的动作表现都是可以进行主观控制的，有少数情况属例外，比如说眼睛瞳孔的变化。不过，我们都应该清楚，人具有动物性，他们在受到刺激时会做出各种各样的反应以及表现，而且这些行为不可能会是故意而为之的。在刺激有效的情况下，当事人的最初刹那间反应大部分都是不受大脑控制的，也就是说是真实可靠的。不过，这样的反应并不是持久的，很快就会被控制和修正，而且动作幅度较小，这就是为什么我们要注重“微反应”，因为这个反应是微小的，不容易被发现。

2. 微反应表现的是“刺激—反应”的过程

当然，我们要想一个人表现出最真实的心理状态，就需要一个前提条件，那就是有效的刺激。由于“有效刺激”的研究与“表现”的研究同样重要，不可或缺，所以心理学家决定用“反应”一词来涵盖“刺激—表现”这个完整的过程，并把全部的内容提炼成一个词语，就是Micro-expressions，即微反应。

3. 微反应的含义

严格意义上而言，“微反应”是一个广义的词汇，包括三个方面的内容：一是我们耳熟能详的“微表情”，属于“面孔微反应”；二是除了表情以外的，其他可以映射心理状态的身体动作，也就是我们经常说的“小动作”，或者可以称为“微动作”，属于身体微反应；三是语言信息本身，包括使用的词汇、语法以及声音特征，称为“微语义”，属于“语言微反应”。

不过，从通常汉语语境的角度来说，微反应这个词语可以让我们联想到身体的动作反应，也就是我们说的微动作。因此，微反应也可以从一个狭义的角度来理解，这可以让人们更容易理解。在这里，我们需要探讨的就是身体微反应。

微反应是怎么产生的呢？

当一个人在受到意外刺激的时候，第一反应就是减少身体动作，保持瞬间静止，便于弄清楚状况并判断应对策略。从这种身体忽然僵直或减弱活动的反应中，能够判断出对方感到吃惊，随后可能产生恐惧、愤怒或者喜悦的心理感受。当一个人故意将原本完整的动作或表情压缩到极致的时候，在他身上表现出来的不是一个夸张的表情和动作，而是一个极小的反应，这很容易被人们所忽略，这种反应其实就是一个微弱的反应。

实际上，这种轻微的反应的本质就是隐藏，目的是不引起别人的注意。比如，在捕猎的过程中，较弱的一方不能战斗，或者说打不赢，他们只有选择逃跑，假如跑得不快，那就只有隐藏起来。而隐藏的时候，假如呼吸不注意隐藏，那气流的流动和呼吸的声音还是有可能将自己的位置暴露出来，这是极其危险的事情。所以，长时间进化积累的本能就是隐藏自己时会减弱甚至停止呼吸。在现代社会，在视觉上的隐藏除了军人、特工和罪犯以外，已经很少有人需要了，不过人们在遭遇尴尬时还是会有“恨不得有个地缝钻进去”的心态。不过，人们遭遇压力的时候，心理主观上还是希望通过隐藏的手段来保护自己，主动减弱或者停止呼吸，希望通过这种微动作减少别人对自己的关注。尽管客观上是不可能的，但他们还是忍不住会这样去做。

心理学家认为，通常情况下，一个人遭遇负面刺激是会不知不觉地减弱甚至停止呼吸的。按照这个理论进行推断，假如上司骂人的时候，挨骂的人竟然呼吸比较急促或强烈，那是值得注意的反常反应，这往往意味着挨批的人隐藏着委屈、不服甚至是反抗的情绪，假如你是这位上司，那就要想办法进一步去了解信息了。

微反应是最诚实的

心理学家解释：人只是人。在《黑客帝国》（*The Matrix*）系列电影中，几次出现的经典台词“Only human”完美地表达了这句真理的一切含义。实际上，人类自身有许多的不足，而且始终没办法改变这些本质上的局限，比如，即便是自身的思维、情绪甚至身体进行控制，人类都不可能做到尽善尽美。人只是诸多生活在地球上的动物种类之一，因此，人类具备了动物的特性。所有的动物从出生开始，捕食以生存，交配以繁衍，循环反复，每天忙忙碌碌，或许，大家并不知道自身存在的意义，它们只是按照某一种指示，努力地活着。

在某些方面，人与动物的身体反应是大同小异的，甚至是一样的。比如，动物在求偶的时候，会充满兴奋的能量；领地被侵犯的时候，会凶狠地露出尖牙和利爪；雄霸一方的时候，会昂头挺胸，傲视群雄；战败之际，会低头伏地，表示顺从；遇到同伴的时候，会交颈而欢，耳鬓厮磨；生命受到威胁的时候，会停止动作，用身体和耳朵细心倾听；突然遇到捕食者的时候，会拼命奔跑，气喘吁吁；假如跑不掉，则会因恐惧而全身颤抖，结果无力抗争，丧失全身力气而成为他人口中之食。其实，这种种表现表明你只要是一个人，几乎是逃不过微反应的。

1. 微反应是一瞬间的真实反应

其实，一个人的眨眼、回头、写下自己的真实姓名都属于微反应，这主要指的是人在受到有效刺激的一刹那，表现出的不受思维控制的真实反应，它一方面包括眨眼、扬眉、皱鼻子等细微的面部表情；另一方面还包括耸肩、回头、颤抖等身体的细微动作。

很多人小时候玩过这样的游戏：两个人面对面站着，一个人忽然伸出一只拳头作势要打对方的眼睛，这时虽然原本两人的关系很好，对方的眼睛还是会快速地眨一下，头微微向后仰做出逃避的动作。不管我们与多少人玩这个游戏，不管与多么熟悉的人玩这个游戏，被打的一方总是会条件反射般地眨眼和仰头。

这与两人之间的信任毫无关系，只是身体本能的反应。

再比如，警察往往是运用心理学的高手，他们在抓捕罪犯的时候，假如罪犯混在人群中，实在难以辨别，这时警察会大声叫这个罪犯的名字。结果，人群中一定会有人应一声或者回头，而这个人基本上就是罪犯。心理学家分析，这时罪犯处于高度紧张的时刻，忽然听到有人叫自己的名字，总会下意识地做出第一反应。

有时候，当我们收到一位老朋友寄来的一封信，假如信封上有勾抹的痕迹，那我们从信封的落款上一眼就会看出写信人用的是假名字。因为在正常生活中，很少会有人写错自己的名字。

2. 微反应是人的第一反应

什么是微反应？心理学家认为最核心的特征和判断标准是，它必然是第一反应，指的是人在接受外界刺激之后，下意识的反应，是没有经过任何思考的，带着原始的动物性和人类本能。心理学家表示，第一反应可以反映一个人的真实想法，这个观点也被大多数人所认可。

许多媒体也喜欢探究人的第一反应。有这样一则新闻：诺贝尔奖委员会成员、文学奖宣布者对记者说，当他电话告知莫言获得诺贝尔奖的消息时，莫言的反应是：he was overjoyed and scared（他狂喜并惶恐），这个新闻比莫言获奖后的公开演讲更能吸引读者，因为大家都想知道他获奖之后的真实反应。

微反应是转瞬即逝的，当理性的光芒作用于人的大脑，第一反应的会被快速压制，它就好像我们看到的闪电一样，只有短短一瞬间，难以将其捕捉。比如，当人们发现自己撒谎成功之后，会情不自禁地做出嘴角上翘的动作，不过这个动作会持续不到 1/5 秒，几乎是看不见的、难以察觉的。心理学家认为，真正吃惊的动作只能持续一秒钟，超过这个时间的动作都是假装的、有目的的。

微反应是符合人性的，不过并不一定合乎理性和道德。基本上所有的微反应都源于人类内心深处自我保护等自私的愿望，它可以反映当事人瞬间的情绪，这个情绪有可能是正面的，也有可能是负面的。比如，战场上的士兵，当他们听到敌军枪声那一刻，第一反应就是逃跑，不过这种反应是很短的，而且会被内心随之而来的道德和理性否定，所以并不影响整个事件的结果，同时也不妨碍这个士兵的道德水平。

人虽然只是人，但人类这个种群相比于其他动物而言，却有一些特殊的地方。尽管人跑得不快、跳得不高、飞不起来，也没办法潜入海里去。不过人们的头脑比其他动物都发达，所以他们会学习、会创新，会使用高科技工具。当然，由于人类的头脑灵活，人类谎言和欺骗的方式也越来越高明。

但是，心理学家认为，当人类受到危及生存和繁衍的威胁时，还是会退回到动物的水平。在这时候人的动物性反应将会取代人的理性“做作”而赢得控制权，通过各种微小的反应，将内心的情绪和想法展露无遗。

微反应为何能使人的内心真实想法无处遁形

心理学家认为，人的所有反应大概可以分为三类：一是可以用“想”来控制的运动，比如各种可被控制的骨骼肌运动。二是不能用“想”来控制的运动，如心跳、瞳孔缩放、汗液分泌等，这些反应由自主神经系统控制。三是一般不用“想”来控制的运动，诸如身体的一些复杂运动，打喷嚏、单脚平衡站立时各种肌肉的协调等；习惯动作，长时间养成的不需要思维的参与即可完成，习惯反应是建立判断基线反应的重要标准；本能反应，这可能是进化积累起来的反应，在测谎时最有价值，比如，遇袭时紧闭缩身，意外时短暂静止，焦虑时吞咽口水或出现尿急、焦急的跺脚，愤怒时肌肉紧绷、鼻孔张大、呼吸加速等。这些反应通常是不用“想”来控制，但假如经过训练，一些反应是可以用“想”来控制的。不过，人是动物，这决定人并不可以在受到刺激后对自身的反应进行完全控制，只要存在有效的刺激，就一定会有反应。

下面，心理学家展现了一系列经典的微反应：

（1）单肩抖动表示不自信；

（2）注视对方眼睛表示撒谎中，为了看看自己的把戏是否得逞；

（3）中断眼神交流不代表撒谎，而是在回忆中；

（4）回答时生硬的重复问题表示典型谎言；

（5）抬起下巴表示非常尴尬；

（6）揉鼻子表示掩饰真相，特别是男人鼻子里的海绵体在撒谎时容易痒；

（7）眼睛向左看表示在回忆，向右看表示在思考谎话；

（8）惊讶表情超过一秒就是假惊讶；

（9）人右肩微耸一下就是在说假话；

（10）当不能倒着将事情回忆一遍，那么表示事情肯定是编造的；

（11）用手抚额头表示羞愧；

（12）瞳孔放大表示恐惧、愤怒、性欲；

（13）话语重复声音上扬表示撒谎；

（14）肢体阻抗向后退一步，表示刚说的话不可信；

（15）抿嘴是经典的模棱两可的动作；

（16）人撒谎的时候会摸脖子，典型的强迫行为；

（17）纵火与强奸本质是相同的，都属于宣张自己的力量；

（18）撒谎的时候没有与之相对应的表情，往往没有任何表情；

（19）一般在学校越受欢迎的学生越会撒谎；

（20）手一直摩挲，是一种自我安慰的姿态，很多人说谎时会摸脖子。

（21）当真正的凶手看到被害者照片的时候，会表现出恶心、轻蔑甚至是害怕，但绝对不会是吃惊；

（22）有人要实施血腥的罪行，会出现这样的表情：眉毛朝下皱紧，上眼睑扬起，眼周绷紧；

（23）伸出中指，这是象征性的特定意识的下意识手势，充满敌意；

（24）鼻孔外翻，嘴唇紧闭，生气；

（25）下巴扬起，嘴角下垂，自责；

（26）眉毛向上，拉紧，恐惧；

（27）当你不相信自己在说什么的时候，就会摩挲自己的双手来使自己安心；

（28）如果先突然大声说话，然后再用手猛拍桌子，这是对可怕事情反应的手势时间差。如果是真的发火，这两个动作会同时进行；

（29）提高右边的眉毛，表示对你有疑问；

（30）嘴唇左边向撩起，假笑，脸部74%的真实感受往往会在右脸暴露。

人所做出的所有反应，都是在神经系统的指挥下完成的。比如，深度昏迷的人，没办法有意识地控制骨骼肌运动，即便是像心跳、胃部的蠕动、腺体的分泌等非随意运动，也是由自主神经系统控制的。所以，通过分析人的应激反应，能够逆推人的神经系统状态和变化。分析的对象包括受刺激时需要动脑子“想”的反应、本能的反应、习惯的反应，以及不能用“想”来控制的自主反应，综合分析这些反应能够比较准确地分析出人的真实心理。

关于微反应的几点状态分析

心理学家认为，假如在面临刺激源的时候，一个人的呼吸开始减弱甚至停止，那说明其心理处于一种恐惧状态，承受着很大的压力，不过又不敢逃跑，不敢反抗，只能被动地等待结果的到来。这样的心态表示刺激是有效的，换而言之，这件事情是对方很关心的，一旦我们发现这是对方的关注点，并继续施展有效刺激，就可以通过这个关注点了解对方的情绪，以推导出其真正的心理状态。

王先生平时很喜欢研究微反应心理学，这天他遇见了这样一件事，引发了他对微反应的思考。

王先生周末起来想起破碎很久的手机触摸屏还没修好，就决定今天去做这件事了。他早早地到了授权维修点，结果因为手机型号比较老，这家店里已经没有存货了。王先生顺便问了一下价格，得到的答复是500元。

王先生不死心，心想一定要把手机修好。所以他又在场子里转了一圈，找到一家小店，进去问能不能修，那位年轻老板说："原装的300元，能修。"由于前面打听过好几次这方面的价格了，王先生基本不太相信300元就能换原装的配件触摸屏，因此王先生特意问了一句："确定是原装的？"听到这样的话，年轻老板没有明显的动作，包括面部表情、身体动作和语言，依然保持着爱搭不理的高傲姿态，没有看王先生，也没有说其他的话。

尽管王先生心里没底，但他还是决定修，尽管换触摸屏是个细致活儿，但很快就修好了。当王先生把保护膜揭开之后，明显感觉到新换的膜很涩，摩擦阻力比原来的老屏大很多，王先生基本上可以确定这不是原厂的配件。

对此，王先生对年轻老板的微反应陷入了思考。

一般在合理的情境中，配件是不是真的，一方面涉及生意是否能成，另一方面也涉及价格是否合适，这些都是核心信息。而王先生的直接追问应该是最有效的刺激源，不过，年轻老板似乎没有任何微反应。心理学家分析，这其中可能有三个方面的原因：年轻老板不在意这单生意是否能做成，这表示整件事并不重要；年轻老板专业的轻蔑，也就是说反正你也不知道这是不是真的；年轻老板认为是否原厂配件根本不重要，普通配件的效果与原厂的没有任何区别，或者根本不可能找到原厂配件。对此，心理学家认为，整个分析体系中的重点，一定不是在于观察到的微反应，然后得出结论，而是通过分析情境和人物，设计出好的刺激源方案，让对方产生有效反应，这样一来，我们就很容易捕捉和分析对方的微表情了。

1. 微反应会出卖自己

人类有一条可以暴露本性的"狐狸尾巴"，那就是微反应，即便人类进入文明社会已经有了几千年，不过依然不能完全掌控自己的身体。不管我们如何想要在别人面前树立自己期待的美好形象，或者想掩盖自己的真实心理，微反应都会在某些时候出卖我们。比如，我们难以抵挡美食的诱惑，就会不知不觉地分泌或吞咽唾沫。

又比如，相恋的两个人，在刚刚得到对方的心意的时候，尽管极力克制，也一定难掩内心的兴奋，急促的呼吸、加快的心跳都可能是出现的微反应。这表示微反应是人类的本能，不是你想怎么做就怎么做，也不是你不想做就可以不做的。生活中很多行为都不是某个人想做的，它没有经过人的大脑思维，就好像动物界蜜蜂酿蜜、鸡孵蛋一样，是顺其自然地发生的。所以，某些本能反应是没办法抗拒的，因为它不受“想”的控制，所以我们无处可逃，比如紧张时会用手揪住衣角，这些动作都是自然而然的。

2. 微反应为测谎仪提供了依据

根据科学研究，一个人在说谎的时候，他的心率和呼吸要比不说谎时快很多，而类似测谎仪的器械就是利用人的本能反应，记录下相关的生理变化指标，然后进行数据分析。那些被测试者，有时候需要戴上胸带、血压计、橡皮囊袖带、电极等装置，这些装置会记录相关信息，观察与之相关的呼吸频率、心率的变化情况，经过综合分析，最终能判断被测试者是否在撒谎。尽管这种测试仪不是百分之百准确，不过有一定的科学依据，可以得出有意义的结论。

3. 人的微反应源于人类的生存和繁衍

心理学家认为，人的本能反应往往与动物生命中的生存与繁衍有关。几乎大多数的本能反应，不管是动物本能，还是人类本能，不管是早期社会人类的本能，还是文明社会人类的本能，都可以归结到这两个方面。比如，雄鸟在雌鸟面前跳舞，是希望博得对方的喜爱，从而获得交配权，这是繁衍本能的体现；当动物遇到强敌，会拼命逃跑，打败对方会引颈长鸣，这是一种自我保护，是生存的本能。

人类尽管是高等动物，不过基本的生命诉求依然是这两者，当人获知意外事件时的惊讶反应，遇到强敌试图缩小身体面积，这些都是自我保护心理的体现。而人类在面对异性时的紧张、不安，对美女的喜欢，则与繁衍需求有关，一旦遇到与这两方面有关的诱惑或威胁，人的身体会表现出十分诚实的一面，让你内心真实的想法无处遁形。

控制微反应，防止被识破

心理学家列出一些人类的经典反应，比如，当被中意的人接受的那一瞬间，心头如鹿撞，而一旦遭遇爱情的欺骗和背叛，又会让你握紧拳头；面对不屑之人，会微微扬起下巴；当诚心诚意接受批评和教诲时则会不由自主地低下头；突然看见好久不曾见面的好朋友，嘴巴和眼睛会同时张大，然后欢呼雀跃；假如在晚上看见闪过的黑影，会嘴巴张大，惊声尖叫，拔腿狂奔；被老板抓住偷懒的行为，会手足无措；侥幸逃过的话，则会吐吐舌头，拍拍胸口，等等，简直是不胜枚举。不过，这些反应，对于每个人而言，曾经出现过多少呢？上面这些反应中，全部都是你自己想要做的吗？当然，这些行为并不是我们想做的，而是在无意识中做出来的行为。

比如孩子从出生的那天开始，就会张开嘴吸吮，在母亲的乳房上寻找甘甜的乳汁。当孩子不到两岁的时候，假如被别的小朋友抢走了玩具，就会快速跺着双脚，高声喊："给我！"可能这话是父母教的，主要是担心孩子上了幼儿园之后被小朋友欺负，不过这跺脚的动作却是没有人教过他。一个人随着接受的知识增多，慢慢地学会了记忆、分析和评价。随着对社会生活的学习，我们掌握了越来越多的高级本领，比如，遵守规定、举止得体，不过不管怎么样，许多反应还是固化在我们的身体中，有些是本能反应，有些是习惯反应。

1. 真实的反应是因刺激源引起的

心理学家认为，当一个人遇到恐惧的事情，就会出现这样一些反应：屏住呼吸，心跳加速，冷汗也会不自觉地冒出来，脸色发白，假如刺激源足够强烈的话，还会令人有想吐的感觉；脸上肌肉会不由自主地颤动，尽可能地想远离引起内心恐惧的事物。假如不能动，至少也会将身体向后仰或者转向另外一个方向。或者说抱起身边的东西或者坐垫，挡住那引起恐惧的事物，这样会让自己主观上觉得是安全的。

当我们遇到开心的事情，就会出现这样一些反应：呼吸变得自由而有力，心跳加速。毫无意识地眉开眼笑，假如开心的程度很大，还会将双手高高举起，挺拔着身体，或许还会跳起来欢呼，顿时感到浑身舒畅。假如条件允许的话，我们还会飞快地冲过去拥抱自己喜欢的东西或人。

2. 想要控制反而会露出破绽

这些因刺激源导致的行为是很有意思的，或许我们会问：一定会这样吗？所有的人都会这样吗？假如故意控制，这些行为是不是不会出现？其实，你可以简单地试一试，你会发现假如你故意去控制的话，这些行为是可以控制的，不过同时也会感到吃力，控制真实反应是一种复杂而痛苦的过程。

假如你一定要控制这些真实的行为，那首先要做到不意外，似乎预先就知道会出现某种刺激，并决定要控制住自己；然后是感觉不在意，不论刺激源怎么样，都需要接受这样的刺激，快速分析这种刺激的性质和力度；再次是做到不反应，通过感知和思考，把自己可以找到的可能的身体反应制止住；最后是再反复检查一遍，自己是否有没有控制的地方，从而补充完善。

假如你觉得自己已经完全控制了，那恭喜你。不过，你需要知道的是：身边的人从你僵硬的身体和呆板的表情来判断，会觉得你不正常，应该是隐藏了某些不想让别人知道的事情。他们会产生疑问：遇到这样高兴或恐惧的事情，你怎么一点都没反应呢？没有反应就是最大的破绽，而破绽的存在就是洞察你内心的钥匙。

3. 尽量学会控制自己的身体

尽管我们不能完全避免露出破绽，不过我们依旧可以努力。一方面是尽可能学会控制自己的身体，减少不必要的破绽；另一方面是尽量多地了解这些破绽，减少被他人欺骗的情形发生。

尽量控制自己的身体，包含着两层含义，一是肌肉的运动控制能力，让运动可以保持请准而熟练。从这个角度来看，那些舞蹈演员，特别是古典舞蹈演员，以及运动员，诸如武术、体操等讲求精致动作的运动项目运动员，具备较好的肢体控制能力。能做到真正控制自己身体的人，还是很少的，比如，经历丰富、积淀深厚、有较强自信心的政客或演技精湛的演员。俄国戏剧大师斯坦尼斯拉夫斯基的“斯氏体系”，就主张角色体验，忘却自我，使演员与角色合一。

心理学家认为，尽管你已经成了隐藏自我的高手，也逃不出动物求生的本能规则。只要存在有效刺激源，就可能让你露出破绽。所以，假如我们可以准确地发现他人的破绽，那就可以顺势了解其内心的真实想法。

刻意控制人的微反应极其困难

微反应表现的是真实情感吗？通过微反应获得的信息真的可靠吗？一个人可以在自己的微反应上做手脚吗？不可否认，人是一种会说谎的动物，说谎的功能器官就是嘴巴。不过，心理学认为，人也是一种诚实的动物，因为微反应是最为诚实的，它可以如实地表达自己的内心想法。

微反应的产生，一方面是因为外界信息刺激的结果，另一方面是内部信息刺激的结果。前者主要指的是经过人的外部感觉器官而进入大脑的刺激，比如突然听到东西爆炸的声音，忽然看到一辆车飞驰过来，等等；后者指的是经过内部感觉器官而进入大脑的刺激，比如，突然感觉身体不适，不论是来自内部的信息刺激，还是来自外部的信息刺激，最终都会集中在人的中枢神经系统，并通过微反应表现出来。所以，微反应的产生与信息加工的关系是极其紧密的，可以说，微反应是人的大脑对来自内外信息加工结果的直接延伸和表现形式，是个人对主客观环境做出的适应性反应，这是真实可靠的。

1. 撒谎时微反应与言语是相悖的

心理学家认为，当人在说真话的时候，语言、语音、语调以及肢体动作往往都是协调一致、自然流畅的，这所有的都源于人的主观意愿和客观表达的一致性和协调性。当一个人在撒谎的时候，特别是他撒谎的后果比较严重的时候，其语言、语音、语调以及肢体行为的配合往往会出现僵硬、做作的现象。

或许有的人表示，时候自己撒谎也没被人识破，这主要不是因为你善于在微反应上做手脚，而在于在平时生活中，大部分的人不善于去通过分析微反应来识别谎言。不过，许多微反应所表现的情感是掩饰不了的，只要你在撒谎，总会有被识破的一天，假如你不希望自己的谎言被识破，那就实话实说。

2. 虚假的微反应会漏洞百出

尽管有的人在平时沟通中故意摆出某种虚假的微反应，希望能干扰他人的判断，不过人不可能在整个交流过程中一直刻意做出各种虚假的动作，故意摆出的虚假微反应没有什么实质性的心理意义，这是一种意识性反应。而真正有意义的微反应是无意识反应，也就是受无意识支配的微反应，即便这两种肢体反应经常会在交流和沟通中同时出现，不过相比较而言，无意识反应更加真实可靠。

3. 相比较口头语言，微反应更具真实性

在现实生活中，我们经常会遇到这样的情境，当自己弄了一个新发型的时候，问朋友，他可能嘴上说“不错，还可以”，不过我们认真看对方的表情，可能会发现他有微微皱眉的动作，或眼神闪烁，或双手握拳，这些肢体动作都表示他内心在排斥你，他对你这个新发型有点反感。这时候我们不妨多问几个人，假如许多人都是口头称赞，不过微反应却表示不怎么样，那可能要考虑换个发型。

对一些当面称赞你、背后却诋毁你的人，假如我们仔细留意，也会发现这些人在说话时言不由衷的神情以及表示排斥的动作。口头语言是一个人通过逻辑思维后才说出来的，他已经在它上面加上了一系列的歪曲，只是为了达到一些目的，而并不是内心真实的反映。而微反应则是自发的、难以控制的，它所透露出来的才是一个人最真实的内心想法。

微反应会撒谎吗？有人觉得假如经过长时间的训练，一个人是可以控制自己的身体的，就好像口头语言一样受制于我们的想法。不过这是极其困难的，人的微反应太过复杂，所包含的细节太多，也许你能刻意地控制其中一个动作，但会在另外一个微反应上露出破绽。

第 4 章　微人格心理：看清真实的人生

解码潜意识，认识自己

所谓潜意识，就是我们所意识不到的。生活中，我们常常会有意识地做出很多决定，最终却发现其实能够左右我们的，是那些我们尚未意识到的潜意识。正因为潜意识的作用是潜移默化的，而且当事人往往还不自觉，因而其力量更显得强大，影响更显得深远。既然如此，我们如何了解和接近自己的潜意识，又如何利用潜意识更好地为生活与工作服务呢？这些，不具备心理学专业认识的我们都很难弄清楚，只能从大众的角度来简单谈谈意识和潜意识，以便帮助我们更好地认清自己。

曾经，有一名处于而立之年的年轻女子，叫阿佳菲亚。她家境殷实富裕，长得很漂亮，而且接受了良好的教育。不过，在当地人普遍都二十几岁结婚的情况下，30 多岁的她始终单身。她有一份很好的工作，独自生活得很快乐。有一天早晨，原本每天都按时出门上班的她，突然间一声尖叫，声音简直像是要把屋顶刺穿一样。听到异常的邻居们纷纷赶来观望，却看见平日里衣着光鲜的她居然只穿着睡衣，就冲出了家门。看到邻居们，她颠三倒四地说家里有魔鬼现身，这让大家都觉得啼笑皆非。

由于阿佳菲亚的亲人都不在本地，邻居们只得找来警察。大家都以为她只是一时受到刺激，精神失常，却没想到在精神病院疗养了一个月之后，她的病情越来越严重，口口声声说自己看到了魔鬼。就这样，她彻底疯狂了。然而，在疯狂了十几天之后，她又在一觉醒来之后神志清醒，这让所有的心理学家和精神科医生都百思不得其解。不过，清醒之后的她性情大变，而且行为也越来越反常。尽管很多心理学家和精神科医生都对她展开了详细的研究，却始终没有找到病因。最终，一名德国心理学家发现了一个不为人知的细节，原来阿佳菲亚对牛奶有很深的抵触情绪。虽然大多数专家都忽略了这个细节，但是德国医生却深入挖掘，最终得知原来阿佳菲亚年幼时曾经因为喝牛奶，差点丧命。而在发病前几天，她看到电视上报道婴幼儿因为喝牛奶而死亡的消息。在经过深度催眠之后，德国心理学家问出了阿佳菲亚的心声：以前的阿佳菲亚已经因为喝牛奶导致消化不良而死亡，现在的我不知道是谁。最终，心理学家判定阿佳菲亚患了人格分裂症。但是，阿佳菲亚的父母保证从未有人向阿佳菲亚透露过她小时候因为喝牛奶差点死掉的消息，那么，还在婴儿时期的阿佳菲亚是如何得知此事的呢？我们只能将其归结于潜意识。

不得不说，阿佳菲亚的潜意识让她记住了童年时期的事情，也没有人能够对此给出合理解释。只能说，是潜意识让阿佳菲亚得知了她原本不应该知道更不应该记住的事情，说明我们每个人其实都在受潜意识的操纵。这也就是我们本章要说的“微人格”。所谓微人格，就是日常生活中不为我们觉察的潜意识操纵下的我们人格的另一面。这一面常常在生活中没有明显的表现，但却真实存在。

从心理学的角度而言，每个人都有不同的人格面具。这些人格面具随着生活情境的不同，也在随时改变。不但人与人的人格各不相同，即使同一个人也会有不同的人格面具。而且，有些人格经过外界强化之后会变得更加鲜明，而有些人格面具则在长久的沉寂中隐藏于心灵深处，只有受到刺激或者意外情况时，才会显现出来。如果各种人格都占据上风，就会形成人格分裂。通常情况下，每个人都有一种非常明显的且占据主导地位的人格，帮助人们完善自身，主宰生活。因而，我们应该形神合一，才能让自己得到更好的发展和存在。

你一定也不曾深入了解过自己的潜意识，但是你肯定曾经做过梦。弗洛伊德说，梦境很多情况下是人们潜意识的反映。古人云，日有所思，夜有所梦，也是有一定道理的。正因为潜意识的无知无觉，所以其对人们的影响更加深远，而且会在人们所不知情的情况下决定人们的很多决定和选择。因而，了解潜意识对我们的生存和发展是有很大好处的，从现在开始，就让我们深入发掘自己的内心，更加深刻地了解自己吧！

什么是人格分裂

究竟什么叫人格分裂呢？人格分裂有何表现呢？用一句通俗易懂的话来说，人格分裂就是两个完全不同的灵魂住在同一个肉体内。它们共用一个肉体，却不会同时出现。当这至少两个人格轮流出现时，后者并不知道前者在使用肉体时做了些什么事情，因而也无法对前一个人格使用肉体时的所作所为负责任。这听起来有些匪夷所思，但却是真实的存在。不管是从生理学上，还是从病理学上，人格分裂症的病因都还没有准确的判断。的确，当同一个人拥有完全不同的记忆、性格、喜好和习惯时，不了解其中内情的人压根不知道如何面对这样的情况。我们只能说，人类对于潜意识的认知还太浅太浅，而人格分裂涉及的各种知识有很多都是人类未曾涉足的领域。

在金庸的《射雕英雄传》中，老顽童周伯通可以一心二用。他可以让自己的右手和左手博弈，这尽管听起来很神奇，但是并非完全不能理解。其实，人的左右手是由大脑不同的区域控制的，因而这两个不同的神经中枢可以独立运作。从这个角度来说，人格分裂貌似更容易理解一些了。即控制人们大脑中的不同神经中枢完全独立，但不能水火兼容地存在。

很多人都知道癫痫这种疾病，也就是民间所说的羊角风。癫痫患者发病的时候，自己根本不能控制自己，而是倒在地上，口吐白沫，浑身抽搐。而对于癫痫症状的缓解，到现在为止依然没有非常有效的方法，因为不管什么药物，总是很难到达控制人们发病的大脑区域，更无法改变神经中枢的症状。著名的神经心理学家斯佩里对癫痫患者进行了深入研究，最终决定采取一种可怕的方法治疗癫痫。他切开患者的左右脑，将连接患者左右脑的神经纤维胼胝体切断，这样一来，位于大脑半球一侧的病产生的神经电波被有效阻断了，无法传导到另一个大脑半球。毫无疑问，这个手术是极具风险的，几乎不可想象。出乎意料的，当斯佩里真的运用手术的方法为重度癫痫患者治疗之后，效果居然非常明显，而且患者的智力等并没有受到显著影响。然而，手术后的患者大脑分裂了，他们的左右脑之间失去了交流的途径。大家都知道，人的两个大脑半球分别管理不同的人体功能，这必然导致人的左脑和右脑得到的信息无法得到有效传递，产生了分裂。不过，大脑分裂的人其人格并没有发生改变，也没有产生分裂。由此可以看到，大脑分裂和人格分裂之间，并没有绝对的必然联系。

实际上，即使在正常人之中，大脑分裂的人身上存在的思维分裂现象也很常见。诸如，很多女性朋友可以一边看电视一边织毛衣，有些司机一边开车一边聊天。难道每个人都是人格分裂患者吗？当然不是。只能说，我们对于人类大脑的探索之路还很长很长。

人的左右脑分工是非常明确的。右半脑主要负责图像化功能，对于很多难以解决的问题，右脑都能做出高级思索，从而尽量解决问题。随着人们对大脑的探索逐渐深入，越来越多的人意识到开发右脑功能的重要性。很多人都把右半脑称为创造脑、艺术脑、潜意识脑、本能脑。和右半脑相比，左半脑则是意识脑、学术脑、语言脑等。甚至有人以为，左半脑的逻辑思考能力与右半脑完全没有关系。实际上，作为诺贝尔奖获得者，斯佩里在进行癫痫病的手术治疗时切开了患者的左右脑之间的连接，并且证实了人的右脑也是具备一定的思考能力的。正是斯佩里，提出了两个脑的概念，为人类研究人脑的工作向前推进了一大步。

什么是多重人格

如果你在生活中看到一个人，原本根本不会做饭，却转眼之间变成了星级大厨；原本五音不全，却突然间引吭高歌；原本不会游泳，却在危急时刻下河救人……而这些千奇百怪的角色，又都出自同一个人。千万不要奇怪，他只是患了人格分裂而已。

通常情况下，人格分裂指的是双重人格，心理学家和神经心理学家经过不断研究已经证实，一个肉体之内可以存在多重人格分裂，即有很多不同的灵魂共同住在一起。最多的有过一个人的人格分裂成 20 多个人格，这些人格彼此独立，各不相同，甚至常常产生分歧。这简直让人抓狂，然而除了接受，还能怎么办呢？大多数人格分裂患者，都曾经有过不愉快的生活经历，或者受到过强烈的刺激。他们经受心理上的煎熬和长期的矛盾，最终产生裂变。

在英国伦敦南部克罗伊登市生活的金·诺布尔，是一位 47 岁的单身母亲。她的体内住着 12 个各不相同的人格，因而，她经常要承受一人变身为 12 人的烦恼和痛苦。毫无疑问，诺布尔的精神压力非常大，简直难以承受。究其原因，就是因为小时候曾经遭受虐待。现实让她不堪忍受，年幼的她又无处可逃，只好经常逃避。早在 14 岁的时候，她就被确诊患有精神疾病，但是直到 20 年以后，精神科医生才明确她患了多重人格分裂症。

在为诺布尔进行多项检查之后，伦敦大学学院记忆专家约翰·摩顿教授确诊她的“多重人格分裂症”异常严重。对于诺布尔身上表现出的不同人格之间的巨大差异，而且有的人格甚至完全与其他人格毫无关联，摩顿教授认为非常令人惊讶。尤其是在其中一个人格突然占据诺布尔的肉体时，诺布尔甚至会出现严重的昏厥。对于多重人格分裂症这一事实，有些人知道但是拒绝接受，有些人则压根不知道，甚至完全没有意识到其他人格的存在。知道自己的病情后，诺布尔觉得好多了，毕竟她那么多奇怪举动都有了合理的理由。在诸多医学专家的指导下和诸多医学志愿者的建议下，诺布尔开始尝试着学习应付这种举世罕见的怪病。为了放松自己，舒缓压力，诺布尔接受了艺术治疗师麦考伊的建议，开始学习绘画。结果证实，诺布尔具有非同寻常的绘画天赋，而且最让她惊讶的是，她体内的 12 个人格居然个个都是绘画的天才。这 12 个人格个性独立，各不相同，有的画风明朗活泼，有的画风非常抽象忧郁，有一个人格还对雕塑情有独钟。其中，有个人格叫本尼，是诺布尔的女儿最喜欢的母亲之一。本尼的画风色彩鲜明，看起来充满了积极向上的力量。在诸多人格中，有个人格最为特殊，她没有名字，特别喜欢用黑色的颜料画很多赤身裸体的儿童，而且这些儿童都被蒙着眼睛，看起来非常痛苦。诺布尔知道，这个人格拥有她小时候被虐待的深刻记忆，总是难以逃脱出来。

总而言之，每当不同的人格控制诺布尔的身体时，她就会创作出不同的画作。而当诺布尔再次取得对身体的控制权后，她总是难以回忆起关于这些人格的行为。有一次在参加绘画比赛时，诺布尔甚至被批准代表5个参赛者。而当诺布尔举行画展时，就像是有12个不同的人在展示各自的作品，如今，她的作品已经在欧洲各国的美术馆中展出，赢得了绘画界的一片赞誉，还被很多人购买和收藏呢！

虽然多重人格让诺布尔感到非常烦恼和困惑，尤其是这些人格的彼此独立和互不干扰，也让诺布尔感到压力倍增。特别是当每个人格轮番上阵时，彼此之间根本不知道其他人格占据肉体时发生的事情，可想而知生活是多么混乱。然而，诺布尔也有很大收获，因为她就像是同时分身为12位独具天赋的画家，自己一个人就能开办精彩的画展，就连比赛都能获得5个参赛资格。不得不说，这是一件很神奇的事情，让每个人都深感惊讶和难以置信。

在深受孩子们喜爱的动画片《花仙子》中，花仙子随时随地都能根据需要改变自己的角色，让自己成为无所不能的化身。而多重人格分裂患者，虽然不能随心所欲地变换人格，角色却和花仙子一样不停地处于变化之中。不过，现实并不总是美好的，有些人格分裂患者，在自己不知情的情况下，因为被邪恶的人格控制，可能会做出触犯法律的事情。不得不说，这样的行为是必须加以制止的，对于这样的人格分裂患者，也是需要身边的人多多注意和控制的。

很多多重人格患者最初患上人格分裂都并非因为偶然，而是因为曾经遭受的悲惨经历和非人待遇。尤其是心灵的畸形，更加容易导致他们人格的分裂。在这种情况下，我们必须深入探究他们得病的原因，才能更好地帮助他们面对生活，恢复生活的信心。

理清思绪，了解你的人格

当你拥有的角色越来越多，你所需要的人格面具也就越来越多，你还能做到井然有序地调配这些面具在最恰当的时候佩戴吗？就像是小丑表演扔球的游戏，也许球少的时候能够做到井井有条，但是当球越来越多时，就难免手忙脚乱，不知道如何是好了。在这种情况下，出现了一种新的心理名词，那就是“人格失调”。这个词语很形象，为我们揭示出人格失调的表现和本质。通常情况下，失调可以分为三种情况：第一种是人格面具过度发展。众所周知，过犹不及，当人格面具过度发展时，带给我们的未必是好的影响，很有可能是诸多的麻烦。第二种是人格面具发展不够全面。第三种是过于认同人格面具，导致把社会角色与自身的次序本末倒置，无法正确区分和放置。

生活中，有很多人都是人格面具过度发展的。诸如，有一个人很喜欢做好事，刚开始时，他是出于自身的真心而做好事，但是随着人们对他的赞许越来越多，他被这些称赞的话语绑架，根本不好意思再拒绝帮助他人，甚至是违心地去做一些好人好事，最终导致他所表现出来的乐于助人、大公无私，与他心底的所想所思完全不一致。在这种情况下，他的心灵与他的表现就脱节了。在历史上，也不乏这样的人存在。他们被人格面具所绑架，渐渐失去自我，虽然得到了无数的荣耀和赞许，却导致渐渐背离自己。

德意志大名鼎鼎的“乞丐帝王”威廉一世，骁勇善战，非常喜欢军事。他曾经把80%的财政收入拨款给军事所用，但是他的登基仪式却很俭省，才花了两千银币。从这个强烈的对比上，我们不难看出威廉一世对于军事的重视程度。在他的管理下，国家盛行军国主义作风，主张“服从就是一切”的普鲁士精神。在威廉一世的治理下，全国上下都形成了艰苦朴素的作风，上自王公大臣，下到贫民百姓，没有一个人不过着寒酸的生活。与此形成鲜明对比的是，普鲁士的军队装备一流，而且人员充足。

在皇太子腓特烈很小的时候，威廉一世就让教师们引导他排斥艺术和一切没有意义的活动。可惜天生羸弱的腓特烈非常胆小温柔，偏偏喜欢父亲不喜欢的艺术、文学等。为此，父亲与他产生了剧烈的争执，也直接导致父亲对他的不认可和不欣赏。在父亲严厉的教育和凶残的殴打下，腓特烈胆战心惊，直到长大成人，这种阴影也在他的心里挥之不去。在成年之后，腓特烈因为不堪忍受父亲的严厉，甚至想要逃到英国寻求庇护。但是他的计划落空了，他也因此锒铛入狱。最残忍的是，父亲下令斩首腓特烈的同伴，还要求腓特烈必须旁观，这几乎撕裂了腓特烈的心。他意识到父亲是不会妥协和尊重他的，不得不开始戴着面具的人生。他登基之后性情大变，和父亲一样成为一名骁勇善战的德意志帝王，堪称疯狂。最终，腓特烈成为与亚历山大大帝、凯撒大帝和拿破仑等相提并论的军事伟人，甚至成为后世拿破仑的楷模。

这个胆小怯懦、内向害羞的小男孩，为何能成为拥有钢铁般意志、享誉世界的帝王呢？因为人格面具的力量。腓特烈的面具极具虚伪性，在长达几十年的时间里，他始终违背自己的本性，与自己所期望的样子背道而驰，残忍地压抑自己的本性。不得不说，作为德意志之父，腓特烈是成功的。但是作为一个完整的人，腓特烈的人格是有着巨大缺陷的。他的一生，是极度隐忍的一生，是背叛自己的一生。虽然腓特烈最终获得了成功，但倘若是缺乏隐忍精神和能力的人，这么做的后果则是极其严重的。不但会造成严重的人格失调，甚至还会导致其不堪重负，最终做出过激的事情。

诸如，现代社会望子成龙、望女成凤的家长比比皆是。为了让孩子将来能够出人头地，父母们全都不遗余力地培养孩子，恨不得让孩子变得十全十美，无所不能。然而，有几个孩子是有超常天赋的呢？大多数情况下，他们都不能做到那么完美，因而只能默默承受。常常有这样的新闻报道：一个孩子因为不堪学业重负和父母殷切的期望，选择了自杀。因为他们无颜面对心切的父母，也无法面对不能让父母满意的自己。这就是人格面具过度发展的典型现象，也是现代社会的莫大悲哀。诸多孩子的离去让我们警醒，应该给孩子更多的空间发展，应该尊重孩子的天性，才能让他们更从容地面对生活。

现代社会下，人格面具过度发展是一种很常见的社会现象，但是却没有引起大家足够的重视。人格面具长期过度发展，就会扭曲人们的心理，让人们在重负之下最终选择放弃，甚至是结束生命。不得不说，这是一个莫大的悲剧。其实，每个人都应该学会放松自己，即使真实的自己不那么完美和美好，我们也应该更加坦然地接受自己、悦纳自己。

除了人格面具过度发展带来的严重负面影响之外，人格面具发展不够完全或者过于认同人格面具，也会给我们的生活带来意想不到的麻烦。既然人格面具是我们适应和应对世界的自成体系，我们就应该有意识地促进自身人格面具的更好发展，也为我们的美好生活铺垫基础。

在社会生活中，人格面具就像一把“双刃剑”，既能够给我们带来帮助，也会给我们带来伤害。作为一个人，我们必须保持心理的健康，这样才能更好地经营自己的人格面具，也能够随时随地自如地摘下人格面具，而丝毫不会觉得无所适从。常常面对自己的内心吧，只有读懂自己，你才能完善自己，提升自己，让人生得到升华。

剖析自己，发现最真实的自我

何谓人格面具？所谓面具，顾名思义就是表现出来的样子。生活中很多人都见过面具，当我们不想让别人看到自己的真实面具，就会以面具遮挡。这样的面具，对于我们而言，是一种掩饰。在舞台上，很多演员也经常戴着面具，饰演各种各样的角色。从心理学的角度来说，人格面具并不是掩饰，而是一种被强化了的人格。在进行精神分析理论的相关研究时，瑞士心理学家荣格提出了人格面具的说法，并且将其原型归为四大类。在《原始意向和集体无意识》中，荣格提出人格面具是人应对世界的自成体系，这种体系能够帮助人们适应世界，或者应对世界。人格面具具有统合性、独立性和整体性。统合性，指人的内在与外在的统一；独立性，指人格面具的独特性，每个人都必须把面具与自己的个性区别开来，才能保持认知的独立性；整体性，则指人格面具应该立足于整体人格，并且对整体人格产生影响。

人格面具，不但是我们应对客观世界的自成体系，也是我们应对自己的面目。现实生活中，很多人都不了解自己的真面目，而是自以为了解自己。实际上，我们并不了解自己，我们了解的只是那个我们愿意展现给世人的面目。

在这个世界上，很少有人能够做到真正的特立独行，更不可能完全按照自己的心意生活。有很多人都非常在乎他人的想法，诸如当人们赞许一个人非常友善时，他就会变得更加乐于助人，当人们非常欣赏一个人的稳重老成时，这个人也就会变得更加成熟。如此长期下去，人们这种受到赞许的品质和表现会越来越得到加强。举个最简单的例子，当一个明星树立良好的公众形象，做了慈善和公益，并且得到了公众的认可，他就会更加注意维持自己的形象，甚至变得更加慷慨和大方。实际上，人的真实内心，并非和表现在公众面前的面目完全一致。就像我们在独处的时候，也会与在他人面前有很大不同是一样的道理。

在风靡世界的《蜘蛛侠》中，彼得的形象深入孩子们的心。因为彼得的影响，几乎每个看过这部影视作品的孩子，心中都有成为蜘蛛侠的梦想。当彼得穿上那身蜘蛛侠的衣服时，原本内向羞涩的他马上像变了一个人，转眼之间变成了惩恶扬善的英雄。

其实，彼得从小就失去父母，被伯父伯母收养，虽然伯父伯母对他视若己出，但是他却非常羞涩、内向。直到读高中时，彼得尽管成绩优异，但是因为与其他同学鲜少往来，所以学校生活过得并不顺心如意。看到彼得整日沉浸在科学的世界中，同学们都调侃他是个书呆子，热衷于运动的汤普森还公开嘲笑他，给他起带有鄙视意味的绰号。

后来，一只受过放射性感染的蜘蛛把彼得咬伤了，彼得惊讶地发现自己居然获得了超能力。又因为他的伯父被一个抢劫犯杀死，他从此决定惩恶扬善，伸张正义。不过，彼得显然无法摆脱心底里的羞涩，因而他为自己制作了一身超酷的蜘蛛侠衣服，每当需要出手伸张正义时，他就会穿上衣服，以截然不同的形象出现，最终在社会上引起了广泛影响。

在这部影视剧中，彼得显然是有着不同人格面具的。生活中的他，总是内向而又羞涩，但是只要穿上蜘蛛侠的衣服，他马上就像变了一个人一样，成为万人瞩目的英雄。这样的角色转变，让彼得渐渐认清了自己，也逐渐找回了自信。

我们需要区分人格面具和伪装的区别。因为人格面具是人格的不同表现，是无意识形成的。而伪装，则是人们的刻意为之。人格面具的最主要功能，就是帮助我们适应和应对外在世界，从而让我们更好地生存和发展。众所周知，每个人都是有着多重角色的，诸如儿子、父亲、丈夫、上司、下属、医生等。这些角色在我们的生活中不断转变，往往需要我们表现出不同的内在以适应和满足角色的需要。很多人在形成人格面具的过程中，都更多地以外界的评价来规范自己。诸如当你夸奖孩子乖巧时，孩子很少变得顽皮，而是在你的夸奖之下变得更加乖巧。然而一旦与小伙伴们在一起，孩子就会马上恢复天性，摆脱对自己的束缚，让自己恢复孩童的天真和顽劣。通常情况下，一个健康的成人往往能够根据情境的需要，改变自己，成功地戴上最合适的人格面具，扮演好自己的社会角色。不过，需要注意的是，那些隐藏的人格则是很私密的，会因为受到长期的压制而没有机会展示。例如，一名教师即使对学生非常厌恶，也不能在课堂上表现出来，而只能继续耐心地教育学生。只有佩戴最合时宜的人格面具，我们才能更好地生存。

也许你已经适应了现在的人格面具，也许你知道自己有些隐秘的人格面具是绝对不能表现出来的，但是你未必真的了解自己的真面目。人，是这个世界上最复杂的存在，是连自己都无法真正了解自己。我们唯有对自己保持客观的心态，尽量剖析自身，了解自身，评价自身，才能让自己更好地发展。从本质上来说，人格面具其实是一种自我保护机制，尽管与伪装不同，但却能让我们表现得更好，更符合社会的期许和他人的评价。由此可见，人格面具与每个人的生活都是息息相关的，我们必须在认清自己的基础上，选择最好的人格面具，做最好的自己。

第 5 章 微情绪心理：别让自己成为坏情绪的奴隶

认识情绪，揭开情绪的神秘面纱

涵涵这几天一直不太开心，她也不知道这是为什么。她静静地坐在沙发上，回想这几天发生的事情，想起同桌小明借了自己一本故事书，都3个月了还不还，自己催过一次，但是小明还是没有还。突然，涵涵发现自己在为这件事生气。

可是涵涵又有点不愿意承认自己生气，因为这说明自己太小气，不就是一本故事书吗？但是自己确实很生气，这是事实，于是涵涵又对自己说："这种事再正常不过了，就算是生气也没什么丢人的，明天我就去跟小明说，我很生气，让他赶快还我的书。"

这时候，涵涵又想到："我现在是怎么回事？总是因为生活中的小事情而不开心，但是为什么周围很多人看着天天笑嘻嘻的、无忧无虑的呢？情绪究竟是个什么东西，让人这么难以把握？"

此刻，涵涵静静地思考了起来，她想慢慢了解自己的情绪，看明白什么是情绪。

生活中我们经常发出这样的感叹："今天实在是太开心了""真的是好紧张啊""太可怕了，吓得我浑身哆嗦""我挺伤心的"……每个人都有自己的情绪，每天都表现出不同的情绪。很多人知道自己是有情绪的：会高兴、会生气、会悲伤、会恐惧……然而却不知道自己为什么会产生这些情绪？情绪是从哪里来的？为何情绪会不断变化？有些人甚至不知道什么是情绪。

在这里，我们可以翻翻身边的词典，看看"情绪"一词有哪些解释。

《牛津英语字典》：“情绪是心灵、感觉或感情的激动或骚动，泛指任何激越或兴奋的心理状态。”

《EQ情商》：“情绪是指感觉及其特有的思想、生理与心理的状态及相关的行为倾向。”

其实，综合上面的定义，我们可以对情绪做一个这样的解释：

情绪是以个体的愿望和需要为中介的一种心理活动。当客观事物或情境符合主体的需要和愿望时，就能引起积极、肯定的情绪，如在生活中遇到知己会感到欣慰；当客观事物或情境不符合主体的愿望时，就会产生消极、否定的情绪，如没有拿到理想的奖金而黯然失落等。

这就是情绪，无论你是否喜欢，它都与你绑在一起，伴随我们每个人的一生，它是客观事物是否符合人们需要、愿望和观点而产生的主观体验，也是对现实的反应，既体现了主体对客体的关系，也反映了主体对客体的态度和观点。

人们的情绪色彩缤纷，如同万花筒。情绪的种类多样复杂，而且它们之间又是交互错杂的，所以说情绪的种类仅用人类的语言是不能完全形容的。因而，要对情绪进行一个精准的分类并不是那么简单。

我们的老祖宗把情绪分为7种，故有“七情六欲”之说，七情指的是喜、怒、忧、思、悲、恐、惊。美国心理学家普拉切克提出了8种基本情绪理论，即悲痛、恐惧、惊奇、接受、狂喜、狂怒、警惕、憎恨。一般而言，研究者比较认同人类具有4种基本情绪，即快乐、愤怒、恐惧和悲哀。

另一种对情绪的分类颇具代表性，它根据情绪状态即发生的强度、速度、持续时间和紧张度，把情绪分为心境、激情和应激。

1. 心境

心境是一种比较微弱而持久的情绪状态，主要有两大特点：弥散性和长期性。心境的弥散性是指当人具有某种心境时，这种心境表现出的态度体验会朝向周围的一切事物。当你在课堂上被老师表扬，觉得心情愉快，于是你见到同学会兴高采烈，走在路上也会觉得天高气爽；而当心情郁闷时，你会情绪低落、无精打采，甚至对五颜六色的花朵时都懒得多看一眼。古语有云，“忧者见之而忧，喜者见之而喜”，就是这种心境的弥散性表现。

2. 激情

激情与心境相反，是一种短暂而猛烈的情绪状态。谈到激情，或许每个人都会回忆自己的某次异常疯狂的经历，可能我们回忆得更多的是欣喜若狂，但其实诸如悲痛欲绝、暴跳如雷、惊恐万状等也是猛烈的情绪体验。诱发激情的往往是重大事件的强烈刺激，如巨大的成功、严重的挫折、莫大的羞辱等。激情的主要特点为爆发性和冲动性。

3. 应激

应激是指在意外的紧急情况下所产生的适应性反应。当人面临危险或突发事件时，人的身心会处于高度紧张状态，引发一系列生理反应，如肌肉紧张、心率加快、呼吸变快、血压升高、血糖增高等。例如，当遭遇歹徒抢劫时，人就可能产生上述的生理反应，从而积聚力量以进行反抗。但应激的状态不能维持过久，因为这样很消耗人的体力和心理能量。若长时间处于应激状态，可能导致适应性疾病的发生。

情绪伴随一个人的一生，对人们身心的影响力不可小觑，只有驾驭住情绪，才能成为命运的主人。

1. 情绪影响一个人的身心健康

心情愉悦，个人的精神、体力都达到了最佳状态，这个时候不仅在工作、生活上会觉得如鱼得水，而且还能使身体健康，从而让生命锦上添花。情绪低迷消极，会觉得各种琐事、烦心事都向你涌来，不管做什么事情都不积极，从而身心更加消极抑郁，这些负面的情绪很可能会诱发各种疾病，你的健康就会亮起红灯。

2. 情绪影响一个人的生活效率

情绪能够影响一个人的精神状态，提高或降低一个人的学习和工作效率。同样一个人，在高兴、愉快、喜悦的情绪状态下的学习和工作效率，肯定要比他在忧愁、悲伤、痛苦的情绪状态下的学习和工作效率高得多。

3. 驾驭情绪，不做情绪的奴隶

情绪本是我们生命中的一部分，例如，我们的手脚、积累的经验和知识等都是为我们服务的。很多人成为情绪的奴隶，是没有驾驭好情绪，使它臣服。当然，这种情况是可以扭转的，当我们自身办不到时，可以借助外部力量，如知识、技巧等，帮助我们成为自己情绪的主人。

情绪影响生理健康，如果你情绪非常不好，那你的内脏及神经等将会出现一系列的反应。比如，很多人血压不稳定、心脏极易受刺激、精神容易恍惚，其实，这些都跟情绪有很大的关系。所以说，当你烦躁不安或者伤心过度的时候，如果感到身体不适，那你就应该警醒，试着调节一下自己了。

掌握情绪规律，才能更好地管理情绪

巧巧发现，自己的老公亮哥这几天不知道怎么了，每天也不怎么说话，对自己好像也很冷淡，总是躲在一旁看书、上网。有时巧巧忍不住去接近他，亮哥就很不耐烦地对她说："我忙着呢。"巧巧感到莫名其妙，跟自己的朋友抱怨说："亮哥这个人其实挺好的，一直以来对我非常疼爱，可是不知道最近怎么了，感觉很冷漠，有时候会无缘无故发脾气。奇怪的是每到月底基本上都会这样，也不知道是怎么回事？"

不懂得情绪有周期变化的年轻人，常常会对自己的情绪感到莫名其妙，有时候毫无来由的心情不好，干什么都提不起精神，有时候却情绪高涨，干什么都很积极、乐意。为了更好地控制自己的情绪，我们需要学习了解自己的"情绪周期"，否则我们的生活将会混乱许多。

张亮亮在一家公司做销售，平时压力非常大。后来他看了一些心理学方面的书，了解到了自己的情绪周期，大概是每个月25号到月底，那几天整个人一点精神都没有，客户也不想见，什么事情都不想做，只想早点回家睡觉。

按理说，看了这本书之后张亮亮应该做出调节，但是他却形成了一种非常不好的恶性循环。他会在20号前就开始担心着情绪低潮周期的到来，所以心里会非常紧张，而且情绪低潮期来的那一两周，整个人非常压抑，脑子里会乱想，没一点心思工作，脑子很沉，呼吸也不是很正常。休息的时候也想着工作，导致失眠多梦。后来张亮亮觉得快受不了了，甚至有逃离这个世界的想法。

了解情绪周期是好事，可以帮助我们更好地调节情绪，但是如果像张亮亮一样对待情绪周期，那一切将会适得其反。情绪周期是我们情绪的晴雨表，我们可以据此安排自己的工作：情绪高涨的时候，可以安排一些难度大、较烦琐的工作；而在情绪低落时，要多出去散散心，参加一些娱乐活动，多和朋友聊聊天，以寻求心理上的支持，从而安全地度过情绪低潮期。

那么，我们该如何把握自己的情绪周期变化呢？可以试试这个方法：以一年中的某个月为例，纵行为日期；横行为不同的情绪指数，包括兴高采烈、平平常常、伤心难过等。每天晚上花点时间想想当天的情绪，在与之相符的一栏打上记号。过些日子，把这些记号连接起来。不久你就会发现一个模式，这就是你的情绪韵律。这项测试通常很准。当你掌握了自己的情绪周期规律后，你就可以有准备地对待自己情绪变化，保证自己维持健康的心理状态。

在日常生活中，我们应如何对待这种周期性的情绪变化呢？

1. 平常心看待

把情绪周期性变化看成一种正常的现象，并且对情绪低潮期的来临做好充分的心理准备。一般来说没有多大情绪问题的人，情绪周期性变化对其学习和工作不会产生太大的影响，所以不必担心或紧张，否则会适得其反。

2. 提前做准备

我们不要紧张，要根据自己的情绪周期表，对自己哪天会情绪低潮提前做个心理准备，以积极的心态面对消极的情绪，或者可以当情绪低潮到来的那天有意识地回避一些容易引起自己不快的事情，避免坏情绪给我们造成危害。

3. 转移注意力

当感受到坏情绪入侵而又难以自拔时，我们可以转移注意力，及时打破静态体验，比如，欣赏欢快轻松的曲子，选择性地看场电影（电影内容要有所选择），散散步，和他人交流、谈心，等等，这样做能够缓解人的坏情绪。

大家知道，天气阴晴变化，我们无法左右，但是我们可以改变自己的心态，用一种积极心态去看待它。人的情绪有着一定的规律，关键看你如何管理。想要呈现一个美好的自己，那就要有所行动，有所选择，选择令人兴奋的“晴天”，而不是令人沮丧的“雨天”。

管理情绪，先要找到坏情绪的源头

现代社会生活节奏加快，生存竞争加重了人们的心理负担。时有发生的负面情绪如果不能及时排解，就会令个体心理压力加重，最终引发身心疾病。为了避免和减少这些致病因素对人体的影响，控制情绪成为这一切的重要前提。但是，想要控制情绪你就必须先了解情绪发生的原因，找到坏情绪的源头才能找出解决的办法。

梁雨是个职场精英，凡事都要求尽善尽美，她知道职场女性很容易因为工作的忙碌而忽略家庭，所以不管上班有多累，她都会把家庭照顾好。每天早上6点多起床为老公和儿子准备早餐，吃过早餐后，把餐具收拾妥当，简单打扫一下房间，之后送儿子上学，看着儿子进了校园，自己再去公司。忙碌了一天，下班接儿子放学，回家做晚餐，做家务，陪儿子写作业。平时工作比较忙，加班是经常的事，好不容易有一天能休息，还要应付没完没了的脏衣服，送儿子去学英语和小提琴。

事无巨细地操心着怎么能把日子过好，这种没停歇的日子让梁雨很疲倦。周末去商场给儿子买衣服，路过一间咖啡厅，透过落地玻璃窗，梁雨看见靠窗而坐的几个女人正在谈话，她们都和自己的年龄差不多，脸上却洋溢着青春的神采，那种优雅和恬淡的笑容让梁雨羡慕不已。

看到这一切，梁雨明白，自己繁杂的生活和工作内容已然让自己丢失了本该拥有的属于自己的休憩空间，这一切所带来的疲惫让自己本该享受的生活变得很繁重。痛定思痛，梁雨决定来个彻底改变。回家后，梁雨跟老公订了一个协议：夫妻轮流“执政”，就是说，这周是梁雨操持家务，下周就轮到老公管理这个家，休息日可以自主支配。这次梁雨的时间充裕起来，虽然一开始看到老公做家务笨手笨脚的也想插手管管，但她还是忍住了——就体现一回“民主”吧！

休息日，梁雨喜欢伴着音乐读一本书，或者驾车到郊外呼吸新鲜空气，在大自然中领略不同以往的惬意和舒适。她发现，生活是那么美好，自己从前没有感受到喜悦，有的只是压力，这一切就是因为自己一直埋头于生活而忘了生活本来的样子，让琐碎的事情蒙住了向往美好的眼睛。

过了一段时间，梁雨发现了自己身上的变化，整个人轻松了很多，公司的同事都说她越来越年轻了，老公也夸她仿佛回到了20多岁的时候，儿子更是自豪地说自己有个漂亮妈妈。现在的梁雨是同事眼中的“女强人”，是老公眼中的完美妻子，是儿子眼中的优秀母亲，这一切都让梁雨开心和骄傲。

朋友们，谁都有疲惫的时候，谁也都有莫名心烦意乱的时候，这时候大家是怎么做的呢？是对这种情绪听之任之，还是积极应对呢？不理不睬只会让自己变得越发消极，我们应该做的就是找出坏情绪的根源，把问题解决，只有这样，我们才能让情绪保持在积极的状态下，让身心更为健康。

1. 深入了解自己的情绪

如果希望情绪帮助我们获得幸福和成功，就应该认真地审视一下自己的情绪特点，看看它是积极的、正面的，还是消极的、负面的。如果我们的情绪趋向正面乐观，就可以继续发扬光大。如果自己是一位情绪悲观的人，可要注意及时进行情绪的调节工作。

2. 不断地进行自我反思

当自己总是一段时间心情不好的时候，我们要在安静的时候反思一下自己，问问自己到底是怎么了，为何如此消极倦怠，想想这段时间以来发生了什么事，这些事该如何处理，把能解决的事情迅速解决，把一切矛盾处理掉了，我们的心情就会慢慢好起来。

3. 努力让自己保持好心情

我们左右不了什么时候刮风、什么时候下雨，但我们可以左右自己的心情。快乐不仅可以让我们心情舒畅，还可以促进身体发育，使身体强健。所以，我们每天都应该带着快乐出发，让快乐奏响人生的每一个节拍。

如果你觉得自己近段时间的心情比较失衡，此时你就应该检讨一下自己了，“最近我这是怎么了？我为什么心情不好？我需要做些什么来调整自身情绪呢？”当体察到情绪处于不良状态的时候，就要尽量把注意力转移到其他事情上去，比如说外出散心、与三五好友小聚等。

转移注意力，将坏情绪释放出去

娜娜被公司辞退了，非常痛苦。娜娜找心理专家咨询，一见到心理专家就哭了，并泣不成声地说：“我好惨呀，我多么不幸啊，我怎么养活自己和家人啊，我这一辈子都不知道怎么过啊……”心理专家对她说：“姑娘，你被公司辞退是你自愿的。”娜娜吓了一跳，说：“你说什么呀，我怎么可能自愿被辞退啊？”心理专家对她说：“你被公司辞退一次，但在你的心里天天心甘情愿地被公司辞退一次，那你一年下来，就被公司辞退了365次。”“这是怎么回事？”娜娜不解地问。“在你身边发生了一件不好的事情，即当你遭遇逆境时，你好像看到了一场不好的电影一样，天天在回想，这不是很笨的事情吗？这就叫重蹈覆辙，你知道吗？”这时，娜娜恍然大悟，是啊，一直以来自己沉浸在被辞退的痛苦中无法自拔，倘若自己的注意力一直盯在这件事上，那自己永远都不会快乐的。

人总有情绪低落的时候，也许因为一个人，也许因为一件事……总让人久久不能释怀。当人的情绪处于低潮时，对任何事情都提不起兴趣。如果总想着那些伤心的事情，你会陷入思维沉迷与情绪急乱状态，如果你将注意力转移，对原来痛苦的体验便会被阻隔。

佳佳和杨昊是一对年轻的夫妻。起初，他们的生活非常甜蜜，但是后来，摩擦逐渐增多，两人遇到一点不顺心的事情就会向对方发脾气，把家里变成战场。为此，双方都十分苦恼，却又感到无能为力。

直到有一天，杨昊厌倦了，改变了策略，事情才开始发生变化。

一天中午，佳佳再次因为一点小事开始对杨昊发脾气。看着愤怒的佳佳，杨昊没有像往常一样用“唇枪舌剑”反击到底，而是迅速穿好衣服，抓起公文包，离开这个“是非之地”，到办公室里工作。

起初，杨昊没有心情工作。但是在网络上打了两局游戏之后，他的心情变好了。经过几个小时的努力，杨昊竟然完成了之前三天都没有做出来的策划案。这让他非常有成就感，生活似乎又充满了希望。于是，他就哼着歌、高高兴兴地“下班”了。

路上，杨昊路过一家花店，突然想到很久没有给佳佳送花了，就买了一束红玫瑰。

回到家，佳佳刚要开口质问杨昊去哪儿了，杨昊就递上玫瑰花，赔着笑脸认错，然后解释自己这几个小时做了什么，为什么买花，并且重温了两人过去的美好回忆。渐渐地，佳佳的脸色缓和了，接过了花，转身去厨房为杨昊做饭了。

每个人都有不良的情绪，这很正常，我们不要把这些情绪压抑在心中，因为一味地压抑心中不快，会使我们的身心越来越疲惫。因此，除了自我调节和消化外，我们还应该学会把注意力分散到他处，转移情绪，让它尽快释放出来，并寻求更好的解决方式，将负面情绪减小到最低程度。

不要再为拥挤的交通而烦躁，乘车时你可以看看沿途的风景，可以听听愉快的歌曲，让自己从焦躁的坏情绪中抽离出来，将眼光放在自己感兴趣的问题上。所以说，转移注意力是一种非常有效的自我控制法，转移注意力，可以化解坏情绪，让自己恢复平静，获得好心情。

转移注意力是一种非常有效的自我控制法，但是很多人并不懂得要如何进行转移，其实转移注意力可以通过以下几个途径。

1. 与知己谈谈心

多结交一个朋友，你就多了一个世界。你的目光便不再只集中在自己的身上了。同时，你也可以把你的痛苦、烦恼和朋友聊一聊，这在一定程度上能减轻你的痛苦，减轻你的压力。当你陷入痛苦中无力自拔的时候，不妨去结交一个知己，把你的注意力转移到对方的身上。

2. 投入到自己的兴趣爱好上

例如散步、看电影、电视、读书、打球、聊天，这些让人觉得轻松的事情可以在很大程度上转移你的注意力。它不仅可以有效地中止不良刺激的作用，防止不良情绪的蔓延，还可以通过参与新的活动特别是自己感兴趣的活动而达到营造积极情绪的目的。

3. 停下来，休息休息

当对此前的工作感到烦闷时，停下来休息一会儿，也是注意力转移的方式之一。比如，起来活动一下手脚，如果方便的话可以跳一跳、做做体操、洗洗脸。运动可以使大脑放松，减轻疲劳，还可以发泄情绪。注意力不集中时不要消极地躺着，也不要封闭自己。

转移注意力进行减压的方法并不一定适合所有人，只是更适用于那些压力相对较小的人。值得注意的是，用这种方法进行减压活动不能逾越法律及道德的围墙，否则物及必反。很多人由于压力过大，偏激之下选择暴力行为宣泄情绪，最终走向法律的牢笼。

反省你的生活节奏

这个世界节奏太快，快得让每个人都得绷紧了弦，甚至随时奔跑起来。空气中似乎弥漫着紧张压抑的气息，我们的表情和行为都很紧张，我们总是焦虑和不安，紧张已经像一张大网牢牢地捆住每个人。但是，我们应该驻足思考一下，这样的生活到底适合自己吗？自己在这样的生活中是否生活地愉快或积极？如果不是，那我们真的应该想办法调整一下自己了。合适的才是最好的，才是最利于自身发展的，一味地追求快速而忽视了身心及周围的美好，那就得不偿失了。

在同事们看来，王艳是一个做什么事都要“慢半拍”的人，在周围的朋友看来，王艳是一个“大事糊涂，小事不糊涂”的人。乍听这样的评价，一定有人觉得王艳是一个生活混乱、邋里邋遢、对生活中的大小事都不上心的宅女，其实不然。只不过，王艳是一个典型的坚持慢节奏生活的人。

每天早上，王艳宁愿早起，也不想快速奔跑去赶公交或地铁；一日三餐，王艳宁愿少吃，也不愿狼吞虎咽。工作时，王艳会在一个漫长的周期里制作出出色的方案，而不是玩上半个月，最后三天通宵加班。别人都说她慢，她说这是在享受生活。王艳她本人也像忙碌的人无法理解她一样地无法理解对方，常常质问那些风风火火的同事说：“亲爱的，你为何不能给自己一个休憩的时间，在这个时间屏气凝神感受一下轻松的气流，为何不能对此刻的宁静感到幸福呢？”

周六日，王艳会选择一天中的一餐，午餐或者晚餐，认认真真地对待，花时间去品味食物的香气、味道和口感，恨不得为一道美味赋一首诗或做一篇文。回家后，王艳会在椅子上蜷作一团，花几个小时享受纯粹的阅读或思考。如果思路通畅，她会将内心的感激和想法变成文字，写在她的日记本上。如果朋友来访，她会花时间倾听朋友的言语，对悲伤者给予安慰，对欢喜者给予祝福。有时候她甚至不去说，而是花长时间听对方讲话，仿佛那些话本身，就是一件值得欣赏的作品。就这样，她慢慢地让欣赏、品尝、享受、散步、沉思和闲适融入自己的生活，这也变成了她独特的生活方式。

在快节奏的社会中，很多人都为了追求利益而令自己的生活慢不下来，但快速的生活节奏让人们失去了太多，不仅仅是健康，还包括对生活的享受、热爱和激情，还有对周围的一切事物的体会和感动。每个人的生活节奏都可以适当地放慢一点，多留一些私人时间去享受生活中的乐趣，这样的人生才会少有遗憾。

调整生活节奏也是一种远离干扰的方法，它们能让你从干扰导致的痛苦中解脱出来。

1. 放慢自己的心态

我们可以适时地体味一下禅的生活，这样的生活能让我们的心足够沉静，心速足够放慢，在舒展中欣赏和品味一切。我们大可不必行色匆匆、步履匆匆。我们可以放慢脚步，更重要的是放慢心态，来感受和体会生活。

2. 处理好计划与变化的关系

“节奏感”最具体的表现就是有计划。计划，就是对今天和明天要做什么事有一个提前的设想和安排，然后按照计划去实施，做到有准备、有条不紊。但是我们通常很难达到完全按照计划行事的境界，意外和突变也很常见。所以，要讲究节奏，就要先处理好计划与变化的关系。

3. 不要总是攀比他人

人总是在攀比，尽管很累，却总是觉得上面一层会更好；上了一层，又想再上一层会更好。于是，总在不停地忙碌和疲惫中比较。比较到最后，突然觉得自己好像什么也不是。所以说，还是做好自己吧，努力寻找适合自己的生活，别人的不一定适合自己，唯有自己拥有的才能给予自己最幸福的人生。

4. 学会利用时间

一般说来，善于利用时间的人，通常也较能发挥自己的潜能。这种人绝不会为时间所役，使自己陷入“糟了！来不及了！”的失措状态中。面对时间，他们的态度积极而主动，他们是时间的主人而不是奴隶。

想要拥有更高质量的生活，想要人生更为幸福，当然离不开健康，健康是进行一切活动的基础。把控好自己的生活节奏，不过于急于求成，也不消极堕落，这就是对自身健康问题的重视，这是一种态度，也是一种智慧。诚如是，才有可能创造健康的人生、辉煌的人生。

积极的自我暗示能帮助你获得好心情

生活中，可能有的人总认为自己不行，久而久之，这个人也就真的变得不行；也可能有些人总是自信满满，结果这些人也就真的得到了他们想要拥有的。其实，这就是自我暗示在影响我们的生活。

自我暗示，即人自我施予或从环境中以不明显的方式吸取信息，自己无意中受到这些信息的影响，并做出相应行动的心理现象，是一种被主观意愿肯定了的假设。通过自我暗示，可以调整自身消极低落的心态。

富兰克林·罗斯福曾经是个非常瘦弱胆小的男孩，无论见到谁，他幼稚的小脸上总是充满惊恐的表情。天生胆小怯场的小罗斯福，每次被老师叫起来回答问题时，总是脸涨得通红，紧张得全身发抖，讲话也是断断续续、含糊不清。

如果是一般小朋友像他这样胆怯，可能就不会再去参加任何活动了，也会越来越封闭自己，不与任何朋友交往，只知躲在一角顾影自怜、唉声叹气。然而，小罗斯福却没有这样，他勇敢地面对自己的弱点，即使同伴们经常嘲笑他，他也不放在心上，当紧张时，他坚定地说："只要我用力地咬紧牙关，尽力阻止它们颤动，过一会儿我就能让情绪稳定下来！"小小年纪的罗斯福，每一天都在坚定地告诉自己说："不管怎样，我都要成为一个坚强的人！"当他看见其他小朋友蹦蹦跳跳地参与各种体育活动时，他便也强迫自己去参加，不管体力能否承受得了，与他接触过的每个人都能从他坚毅的目光里，看到他坚定地想要成功的决心，而当紧张产生时，他会给自己鼓气说：“我一定可以！”

渐渐地，小罗斯福克服了紧张，也克服了身体上的缺陷，因为拥有不屈不挠的精神，他终于能够勇于面对任何恐惧或有困难的事。喜欢广交朋友的罗斯福，对于交际也有一个很实用的原则，他认为：“与人交朋友是一件快乐的事情，只要我用真诚、快乐的态度与人交往，即使我的相貌很差，人们也仍然愿意与我交往，因为每个人都喜欢与快乐为伴，不是吗？”为了让自己更勇敢、更强壮，高中前罗斯福都会利用假期时间加强体能训练，而他也正是凭着这种自强不息的精神与自信，最终成为美国的第 32 任总统。

潜意识的力量是无穷的，只要你能够正确地运用它，它就会为你的人生带来自信和成功、幸福和快乐。积极的自我暗示再配合积极的行动，我们就会在不断增强的自信心的护航下，无往不胜，到那时，就没有任何事情对我们是不可能的。

如果你把积极的心理暗示当作一种习惯，那么你将会变得越来越充满希望，变得更加积极阳光，你的正能量将会越来越多。此时此刻，改变自己吧，让消极的思想远离自己，给自己一种积极的自我暗示，并且让这种意识融入你的思维习惯中。

1. 把当下的失败看作最后一次

每个人都会有不顺的时候，试着在失败时对自己说：“这是最糟糕的了，不会再有比这更倒霉的事发生了。”既然“最糟糕的事”都已经发生了，还有什么可怕的呢？当你在最不顺利的时候给自己这样的心理暗示，会增强心中的安全感，也会增强自信。

2. 相信自己的能力

你是否曾经仔细地思考过，上天赋予你的重大使命是什么？而你是否已经在这一使命的激励下勇敢地前行？任何时候，每个人都别忘记对自己说一声：“我天生就是奇迹。”本着上天所赐予我们的最伟大的馈赠，积极暗示自己，你便能开始成功的旅程。

3. 方法要得当

自我暗示也要讲求一定的方法，在心理上得到慰藉的同时我们依旧要正视现实，利用这种好心情来让我们更好地去提高自己，改变现实。如果光沉浸在这种自我暗示中，并把它当作现实，那我们就真的成了像阿 Q 这样可悲的存在了。

其实，精神力量是无穷的，它能帮你打败黑暗、走出困境。因为对于人的生命而言，要想活下来，只需要维持生命的食物就足够了。但既要活着，又要活出精彩，就需要有广阔的心胸、坚强的意志和相信自己能行的智慧。

放松自我，情绪也需要休息

人生在世，纷繁的社会、嘈杂的生活、紧张的工作都让我们感觉很累，很多人经常为了一些琐碎的小事而焦虑不安。这个时候我们应该如何学会释放情绪，给自己的心情放个假。不管你是旅游，还是与朋友小聚，还是自己安静地做些自己喜欢的事情，这些都是不错的选择。放松是为了使自己更好地前进，为了让自己的精神更为饱满，不要让自己过度疲惫，前进的路上，请记得给自己休休假。

陈颖近来工作特别紧张，已经连续加班好几天了。周末，她决定一个人去逛逛街，放松一下，摆脱最近的紧张情绪。

陈颖走着走着，看见一家小店铺，里面有一条仿白金的项链，是条新式的链子，上面有一个绿色的椭圆形宝石做吊坠，旁边还有一对仿白金的小翅膀。店主说："这叫作'天使翼'，适合皮肤白的女性佩戴，配你正好，简单又大方。"陈颖想起这条项链秋天配自己那件紧身墨绿色毛衫正合适，于是就买了，十分高兴地走出了店铺。

刚走几步，又看见一个美甲处，陈颖想做美甲，平时总是担心浪费时间，今天没有任何任务，时间是自己的，于是安心坐了下来。“要做复杂的，还是简单的？”店主问。“复杂的吧。”于是店主在陈颖的指甲上绘了白色的底色及浅蓝色的花、玫瑰红的花蕊，又在外面涂了一层保护层。做好后，陈颖伸出手细细欣赏着，非常精致，显得自己的手特别白。

从美甲店出来，前面就是广场了，里面有许多卖首饰的，有一个耳环，红色的珠子，黄色的水晶，很精美。店家说：“拿下来你戴上看看，很漂亮。”陈颖笑着说：“我还没打耳洞呢。”不过那些耳环实在是太可爱了，陈颖决定等过几天打个耳洞，再把头发扎起来，戴副合适漂亮的耳环，可能会让自己更具有女性魅力。

陈颖就这样一路漫无目的地随意溜达，最后走进超市，买了丈夫爱吃的花生、牛肉、大虾，高高兴兴地回家了。陈颖想：原来一个人无所事事随意瞎逛，没有任何任务，还真是特别放松。

是的，生活在现今这个高效率、竞争极度激烈的社会里，朋友们不得不加快脚步奋进，这也导致许多人在忙忙碌碌中失去了悠闲，失去了生活的情趣。但是，一味地坚持并非上策，有度的休息，才是良方。假如你是为了生活而生活，那生活原本的滋味就没有了。

心情也需要足够的时间休息，当心情“体力”充足的时候，全世界的一切都变得可爱，当你热情地问候别人的同时，对方也会报以最真诚的笑容……给心情一个假期，也给自己一份轻松自在的感觉。

1. 让心情适当地放纵

米卢说：“享受你所做的吧。”听听这个自由的声音！可见放纵是自由的终极，这一刻，这一生，不再拘束，醉一杯酒，放纵了自由心。大声唱歌、大声说话、大声欢笑，尽情放纵才是自己。在混杂的城市中，在繁忙的工作后，倦了，就该放纵自己，停下来，喘口气。

2. 好好休息一下

人生犹如剧场，有时你会对上演的剧目和自己所扮演的角色感到厌倦。好好休息一下，放宽心，才能在每天清晨醒来精力充沛地开始工作和学习。在各种矛盾充斥着的社会中，在巨大的压力下，你才能及时调整，开心地度过每一天。

3. 选择合适的休闲方式

休闲就像进补一样，往往是进什么，就出什么，所以我们要对休闲方式用心选择。旅行、跑步、健身、种花、郊游、听音乐、和朋友交流，培养新的爱好、参与积极的社会活动……这些都是积极的休闲方式，可以让我们的情绪得到彻底的放松。

4. 预留充足的时间

时间紧张，就会担心耽误事情，那也就谈不上放假。若每一样事都多打出些时间来，就会不慌不忙、从容不迫了。最好的办法就是永把自用表适当拨快一些。时时刻刻用表面上的时间警惕自己，如此则既不误事，又可轻松。

朋友们，如果你的生活整天就是围绕着家庭和工作，忙碌而又枯燥，那你的情绪定然不会健康、积极。适当地休息一下吧，让自己沉淀下来，回归到自然中，释放一下你的疲惫和压抑！让思想去旅行，用心去品味美好的一切，这样你才能感悟人生的真谛，感受生活的美妙。

第二部分

通晓心理效应

第 6 章　掌握心理分析的密码

微笑效应：用微笑感染他人

一个微笑，就是一个和善的信号，可以缩短心灵之间的距离，消除误解、疑虑和不安，使他人有一种被尊重的感觉，满足他人最大的心理需求。一个售货员的心情很好，于是，她给了顾客一个亲切的微笑，顾客的心情也变好了，回到家，给儿子一个微笑，儿子的心情也变好了，回到学校给所有的同学一个微笑……微笑就这样一直传下去了。这就是心理学中著名的微笑效应，心理学家通过研究得出了这样一个结论：如果你决定提高自己的社交技巧，决定结婚或者至少跟一个人住在一起，决定追求有意义的目标，并且在过程中、在小事上享受快乐，那么，你的幸福感就能提升 10% ~ 15%；如果你能不吝惜自己的微笑，亲和地对待他人，那么，你的幸福感就能提升 20% ~ 25%。微笑，能够撩动人心，让人亲近。

有一天，忧虑者向智者请教："尊敬的人间智者，请告诉我，如何才能让我跳出忧郁的深渊，享受欢乐呢？"智者微笑着说："那你就学会微笑吧，向你每天所见的一切。"忧虑者感到很奇怪："可是，我为什么要微笑呢？我没有任何微笑的理由呀。"智者回答道："当你第一次向人微笑时，不需要任何理由。"忧虑者问道："那么，第二次微笑呢？以后我都不需要任何理由就微笑吗？"智者笑着说："以后，微笑的理由会按它自己的理由来找你。"于是，忧虑者走了，他按照智者的指引，去寻找微笑。

半年过后，一个满脸微笑的人来到智者面前，他告诉智者："我就是半年前那个忧虑者。”这个过去的忧虑者现在满脸阳光，嘴角总是挂着真诚的微笑。智者问道：“现在，你有微笑的理由了吗？”曾经的忧虑者说道：“太多了，当我第一次试着把微笑送给那位我曾见过无数次面的送报者，他居然还我同样真诚的微笑，我发现天是那么蓝，树是那么绿。”说完，他又开始讲述自己的经历：“当我第二次把微笑送给那位不小心把菜汤洒在我身上的侍者的时候，我感觉到了他发自内心的感激，感受到了那份温情，而这份温情驱散了积聚在我内心的阴云。后来，我不再吝惜我的微笑，我把微笑送给了那些孤独的老人，送给了天真的孩子，甚至，把这份美好送给了那些曾经辱骂过我的人，我发现，我收获了与我所付出的多几倍的东西，这里面有赞美、感激、信任、尊重，还包含着一些人的自责和歉意，而这些都是人间最美好的感情，这让我变得更加自信，更加愉快，使我更愿意付出微笑。”智者微笑着说：“你终于找到了微笑的理由，假如你是一粒微笑的种子，那么，他人就是土地。”

美国前总统华盛顿曾说：“一切的和谐与平衡，健康与健美，成功与幸福，都是由乐观与希望的向上心理产生与造成的。”原一平是日本的一位保险推销员，他只有 1.53 米的个子，刚开始从事保险员这项工作的时候，原一平一分钱的保险都没有拉到。然而，他每天依然精神抖擞，一路上，不断地用微笑和那些擦肩而过的行人打招呼。由于原一平的微笑总能感染到别人，后来，他成了日本历史上最出色的保险推销员，而他的微笑被评为“价值百万美元的微笑”。

舍得定理：有舍才有得

舍得，既是一种做人做事的艺术，也是一种处世的哲学。舍与得之间，既对立又统一，它们是相辅相成的一对。在这个世界上，因为万事万物均有舍得，所以，世界才达到了和谐统一。若把握了舍与得的机理与尺度，我们就等于把握了人生的钥匙和成功的机遇，这就是舍得定律，当我们舍得给他人甜头的时候，我们自己也能感受到生活的甜蜜。对于交际中的一些冲突或矛盾，如果我们能敞开心扉，舍得把利益让给他人，那么，定会赢得他人的钦佩，而我们自己也会从中感受到那份甜蜜。

一个小男孩从小生活在一个贫穷的家庭里，为了维持生活，他不得不上街乞讨。在大街上，有人给了小男孩 1 美元和 10 美元，让他选择拿哪一个，小男孩不语，默默地接过 1 美元，看也不看那 10 美元。人们都觉得小男孩心地善良，不好意思拿人家更多的钱。后来，有人故意拿 1 美元和 10 美元让小男孩选择，但是，小男孩还是做出了一样的选择，只拿 1 美元，不拿 10 美元。

渐渐地，这个只要 1 美元而不要 10 美元的傻男孩的名声传了出去，于是，人们纷纷拿出 1 美元和 10 美元来让小男孩选择，果然，小男孩始终只拿 1 美元，不拿 10 美元。越来越多的人拿着 1 美元和 10 美元放在小男孩面前，大多数人的目的在于取笑这位只选择 1 美元的小傻瓜。后来，有个人一口气 10 次拿着 1 美元和 10 美元让小男孩选择，每一次小男孩都选择 1 美元，这个人好奇地问小男孩："你为什么分 10 次拿我的 1 美元，而不一次拿我的 10 美元呢？"小男孩只是静默不语，不做任何回答，但是，如果还有人拿着 1 美元和 10 美元让他选择，他依然会毫不犹豫地选择 1 美元。

后来，家里人问小男孩："你到底为什么只要人家 1 美元，而不要人家 10 美元呢？"小男孩回答："我要是拿人家 10 美元的话，我就跟其他乞丐一样了，这样，人家也就不会故意拿钱给我选择了。"

聪明的小男孩舍得了暂时的甜头，而获得了长期源源不断的 1 美元利益。或许，从表面上看，这个小男孩很傻，其实，这才是一种明智的选择。后来，这个小男孩成为了美国总统，因为他懂得舍与得的道理，所以取得了人生的成功。

乔治·艾略特说："如果我们想要得到更多的玫瑰花，就必须种植更多的玫瑰树。"生活的本质在于你如何看待它、如何对待它。智者永远不会对他人期望太多，因为他懂得：自己如何对别人，别人就会如何对待你，如果想与他人维持良好而长久的人际关系，就应该学会舍得，敞开自己的胸怀，走进别人的心灵，把甜头给别人，我们也同样会获得一种甜蜜。哲人这样阐释“舍得”：人就是一个有趣的平衡系统，当自己的付出超过所得到的回报时，内心就会取得某种心理优势；相反，当所得到的回报超过了自己付出的劳动，就会陷入某种心理劣势。

赞美法则：谁都希望被认可和赞美

卡耐基学校训练专家黑幼龙这样说道：“曾有一位母亲将一大把稻草丢在了晚餐桌上，全家人都愕然，她说：‘我为全家人做了几十年的饭菜，老老小小从来都没有给过一句肯定的话，这跟给你们吃稻草有什么区别？’”黑幼龙还强调说：“别以为家人之间不需要赞美，连妈妈这种付出爱心不求回报的人，都渴望有被肯定的一天。”

马克·吐温曾说:“听到一句得体的赞美,能使我陶醉两个月。”虽然,马克·吐温夸大了赞美的效用，但是，在现实生活中，每个人都渴望得到他人的赞美，因为每个人内心都希望自己所付出的努力可以被别人看见，自己所获得的成绩获得别人的肯定。而且，那些习惯于赞美他人的人，总能够成为社交场上的主角，因为，大家都乐意听他说话。在日常交际中，赞美的语言犹如魔术师的魔棒，它让越来越多的人喜欢听自己说话，毕竟谁都喜欢听赞美的话。不仅如此，在日常生活中，赞美还能够激发一个人内在的自尊。

布朗夫人最近雇用了一个女佣，那个被雇用的女佣从下个星期一开始正式上班。为了更好地了解这个女佣的情况，布朗夫人给女佣的前雇主打了一个电话，询问道：“这个女佣怎么样？”没想到，从前雇主那里得到的对女佣的评价，居然是贬比褒多。

布朗夫人心里有了主意，很快就到了星期一，女佣来了，布朗夫人对她说：

"贝丝，几天以前，我打电话请教了你的前任雇主，她告诉我说，你为人很老实可靠，而且，还煮得一手好菜，带孩子也十分细心，唯一的缺点就是理家有点外行，总是将屋子弄得脏兮兮的。听了这样的评价，我想这位雇主的话似乎并不可信，今天，我看见你的穿着，发现你是一个十分爱干净的人，我相信这是你的习惯，你肯定会将家里打扫得干干净净，而且，我们会相处得很愉快的。"听了布朗夫人的话，贝丝的脸涨红了，她在心里暗暗发誓：以后一定听布朗夫人的，在这里好好干。

后来，贝丝与布朗夫人果然相处得很愉快，贝丝将家里整理得井井有条、一尘不染，而且，工作十分勤奋，宁愿自己加班，也不会耽误家务工作。

赞美能令一个人将自己所有的优点都展现得淋漓尽致，布朗夫人的赞美令贝丝感到愉悦，而这样一份美好的心情很快就投入工作中。对此，人际关系专家卡耐基说："喜欢被人认可，感觉自己很重要，是人不同于其他低级动物的主要特性。"世界上最美好的声音就是赞美，最好的礼物也是赞美，成功的赞美能给人带来愉悦，能使人受到鼓舞。一个成功的推销员，他向客户说的第一句话一定不是关于产品，而是一句真诚的赞美。因为，他们深知，只有赞美才能令更多的人来听自己说话，这样，产品推销就更容易获得成功。

从前，有一个北京的官员要去外地任职，在离京之前，他去和自己的老师告别。老师嘱咐他说："外面的官不容易做，你应当谨慎些。"那人却说；"我准备了100顶高帽，逢人就送他一顶，应当不至于有关系不融洽的人吧。"老师听了，十分生气："我们应该以正直的方式对待他人，给别人做事，为什么要这样呢？"那人回答说："可是，天下像老师您这样不喜欢戴高帽的人，还能有几个呢？"老师点了点头，说道："你的话也不是没有道理。"那个人离开了老师以后，告诉别人说："我有100顶高帽子，现在只剩下99顶了。"

幽默心理：幽默给人带来快乐

美国人崇尚幽默，幽默是交际场上的百变精灵。在一次白宫钢琴演奏会上，美国前总统里根正在讲话，他的夫人南希不小心连人带椅跌落在台下的地毯上。下面的观众发出了惊叫，但是，南希很快从地上爬起来，在几百名来宾的热烈掌声中回到了自己的位置上。这时，里根说话了："亲爱的，我告诉过你，只有在我没有获得掌声的时候，你才应该这样表演。"

幽默是人际交往中的润滑剂，在心理学中，幽默效应是一种防御机制。在日常交际中，不可避免地会出现困难或尴尬的场景，这时候，幽默就成了最好的和谐剂，运用一些诙谐的手法，可以进行自我解脱，摆脱尴尬的境地，营造出和谐美好的气氛，从而与他人建立友好的关系。幽默在我们的日常生活中，几乎无处不在，尤其是在交际场上，更是成为不可缺少的调剂品。幽默，能使人心情开朗，愉悦乐观，不仅给别人送去欢笑，而且能使整个人际关系变得更和谐；幽默是精神的缓冲剂，可以淡化矛盾，消除彼此的误会，使遭遇困境的一方摆脱困境，有效地化干戈为玉帛。

林肯是一个擅长幽默的交际高手。

有一次，林肯正面对着观众滔滔不绝地进行演讲，突然，人群中不知名的先生递给他一张纸条。林肯接过纸条，不假思索地打开，没想到，纸条上竟然写着"傻瓜"两个字。当时，在林肯旁边的人已经看到了这两个字，他们都盯着林肯，看他如何来处理这样的公然挑衅。在许多人目光的注视下，林肯略一沉思，微微一笑说："本人已经收到许多匿名信，全部都只有正文，不见署名，而今天却正好相反，在这一张纸条上只有署名，而却缺少正文！"话音刚落，整个会场上便响起了阵阵掌声，大家都为林肯的机智和幽默而鼓掌，那位"署上名字"的先生低下了头，混入人群中，整个会场气氛由紧张变为轻松，演讲继续进行。

对于疲惫的人们来说，幽默就是休息；对于烦恼的人们来说，幽默就是解药；对于悲伤的人们来说，幽默就是安慰；对所有的人来说，幽默就是一种力量，一种在社交场合化险为夷的力量。在日常交际中，幽默是智慧与知识的综合体，即使自己处于四面楚歌的绝境时，或者处于受人非难的尴尬场面时，幽默都可以帮助你摆脱“危险”，脱离“尴尬境地”。

歌德有一次到公园里散步，这时，迎面走来一位曾经对自己作品提出过尖锐批评的批评家，批评家看到了歌德，立即高声喊道：“我从来不给傻子让路！”歌德微笑着说：“而我正好相反。”一边说着，一边满脸笑容地站在一旁，让那位批评家先走。在这里，歌德的幽默避免了一场无谓的争吵，同时消除了自己的愤怒与烦恼，并充分显示了自己的心胸和气量。

安慰反应：能缓解内心的不适感

心理学家认为，当一个人在受到批评、压力、否定等负面刺激的时候，常常无意识地表现出一些寻求安慰的身体微反应，以缓解内心的不适感。这些细微动作可以透露出他们紧张、焦躁、恐惧或者厌恶的负面心理情绪。

而安慰反应呈现在身体上，也会有不同的反应。

1. 口唇安慰

在孩童时代，口唇是获取快乐的主要来源，通过口唇的吸吮、咀嚼和吞咽，可以满足婴儿的大多数需求，从而建立信任和乐观的人格特征。而我们还可以从另外一个角度解释，假如缺少了必要的口唇刺激，比如过早停止奶的食用，那婴儿可能会产生悲观、不信任、愤世嫉俗或者攻击型的人格。

然而，由于口唇安慰对人体神经系统的影响过于深刻，因此在成年之后，人依然会存在许多相关的近似于本能的反应，表现为某些行为退回到人生的早期发展阶段，心理学称之为“口唇期退行”。举个很简单的例子，一个人在面临压力的时候，通常会采用一些行为寻求安慰，比如吸吮手指、咬铅笔、吃糖果，以及吸烟和吞咽口水等，因为这些动作可以通过口腔或相关器官来告诉自己的神经系统：别怕，没关系，我在吃东西了。

心理学家认为，咀嚼和吞咽的动作直接把“吃”的信息反应给中枢神经系统，有东西吃总是好的，因为有东西吃意味着不会挨饿，可以生存下来。长时间的进化，使得中枢神经系统对“吃”这个动作总是比较满意，十分乐意。这就是人在心情不好的时候，大吃一顿可以在某种程度上改善心情的原因。

这种通过咀嚼、吞咽等口唇感觉的满足来改善心情的方式，是安慰反应之一，我们可以称为“口唇安慰”。当然，口唇安慰除了大吃一顿之外，更多的情况是“吃”这个动作的变形，主要包括磨牙、咀嚼和咽口水等。

2. 眼睛缓解压力

据说，假如婴儿每天睁开眼睛的时候能看到妈妈的笑脸，他将来就会很爱笑，很开心，而且长得很漂亮，许多妈妈对这一点都深信不疑。尽管从科学的角度来看，能否长得漂亮，与婴儿能否看到父母笑脸之间并没有直接关系。但是请不要失望，因为视觉上的舒适和宽慰，确实可以促使一个人的心情好转。假如婴儿常常可以看到父母的笑容，确实会变得性格开朗，容易开心、爱笑，这些都源于不断积累的安全感和自信心。毕竟，一个人笑着的时候，会比板起面孔漂亮得多。

当然，婴儿长大之后，眼睛看到的不会都是父母温柔的笑容，还会看到许多让自己不高兴的负面东西，而且随着年龄的增长，他们也不会单一满足于父母的笑容，还会拥有更多的视觉需求，比如美人、美景、艺术品以及可以引发美好幻想的东西。但是，有两条规律还是不会变的：所看见的东西一定是良莠俱存，即便是本事再大的人也没办法掌控；喜欢看喜欢的东西，不喜欢看不喜欢的东西。其中，后者道出了人们最基本的心理偏好，它的深层实质内容是：看喜欢的东西，会让人心情愉悦；看不喜欢的东西，会让人心情变得糟糕。

而在测谎实验中，瞳孔实验可以强有力地证明这一点。瞳孔是虹膜中间的一个漏洞，负责把光线投射到视网膜上，其物理功能是光线变强的时候，瞳孔就会渐渐缩小，以防过强的光线刺激视神经；光线变弱的时候，瞳孔就会放大，尽可能让更多的光线投射到视网膜上，以获得清晰的图像。而这一系列动作都是由控制虹膜的平滑肌来完成的，而平滑肌只受自主神经系统控制，不管你如何努力，都不能进行主观控制。

值得一提的是，随着进化的演变，人的瞳孔反应也变得越来越复杂和高级，大量的实验证明：一个人在看到喜欢的东西时，瞳孔会放大，比如赌徒看到一手好牌，以保证多看一些美好的景象；而看到不喜欢的东西时，瞳孔则会缩小，比如，血淋淋的场面，以尽可能避免受到负面刺激。当然，只有瞳孔变化的人，那便是极有心机的人，即便内心波澜壮阔，外表也是丝毫不动声色。通常情况下，一个普通人看见美女肯定会眼睛睁大，惊叹不已；看见血淋淋的场景，则会紧闭双眼，大声尖叫。

当一个受到外界恐惧源的刺激，由于其内心的压力，就会想寻求一种心理上的安慰。因此，一旦这样的情况真的出现了，在他们身上就会出现口唇安慰、视觉安慰等细微行为，以达到安慰自己的目的。

逃离反应：厌恶或恐惧的第一反应

所谓的逃离反应，就是人在感受到厌恶或恐惧的时候，所产生的一种反应。当冻结反应不足以消除危险的时候，或者在威胁逼近、升级的时候，边缘系统的第二个方案就是逃走，这种反应就称为“逃离反应”。造成这种反应的源头是，那些对人构成威胁的刺激源足够强大，人没有改变局面的信心，因此会形成逃避心理。假如一个人出现了逃离反应，那别人就能够判断出，这个人对眼前的东西产生了厌恶或者恐惧。

与冻结反应一样，这也是人与生俱来的一种自我保护措施。不过在现代社会中，能让人们做出逃离反应的事情越来越少了，但是我们的逃离反应依然发挥着作用，而且，它随时都有可能暴露我们的内心。

有一次，几位警察在机场巡查，他们的目标是找出一个潜逃中的连环杀手。他们知道，这个人很有可能已经易容改装，想要抓到他并不是那么容易，因此他们提高警惕，四处寻找，不错过任何蛛丝马迹。

但是在找了将近半个小时之后，警察们依旧一无所获。这时候从机场外面进来一个人，看起来和其他人并没有什么区别，他向登机口走去。这时，一个机场的安保人员从他身边经过，不小心撞了他一下，那个安保人员马上向他道歉，他仅仅是点点头，并没有说话。

而这一切都被警察们看在眼里，警察们注意到，在安保人员和他身体接触的那一刹那，他的脚马上摆出了一前一后的姿势，类似于运动员在起跑线上所采用的起跑动作，这是最典型的逃离反应。警察们马上前去“请”他谈一谈，果然，这个人正是警察们要找的那个连环杀手。

警察们之所以判断那个人有问题，是因为对于一个普通人而言，机场安保人员并不能对他们构成威胁，因此不会因为安保人员碰他一下就产生逃离反应，而这个人却表现出了明显的逃离反应，只能证明他心里有鬼。

又比如，警察抓到了一个在逃多年的逃犯，他手上掌握着犯罪集团的重要线索。不过不论警方怎样审问，他始终闭口不答，无奈之下，警方只好求助于审讯专家。审讯专家到了现场之后，他看到的是这样一个人：多年的逃犯生活，让他显得有点神经质，好像总是在悄悄地观察四周的动静，神情十分猥琐。而这些反应就是典型的逃离反应。

那么，逃离反应在肢体语言上有哪些行为呢？

1. 身体的转动

通常逃离反应较容易出现在多人对话的场景和在比较开放的空间环境对话的场景中。当不喜欢当下正在说话的这个人时，许多人都会将身体转向另外一个人，虽然脸上可能没有表现出厌恶的表情，不过这种肢体反应已经将此人的内心暴露了。

警察局派遣卧底潜伏到某犯罪组织，试图瓦解这个犯罪组织。卧底发现，这个犯罪组织结构严密，犯罪行为隐蔽，要想一举破坏对方，只有从内部下手，而自己缺少这样一个机会。

有一天，这个犯罪组织搞聚会，很多头目都来参加。在聚会中，这个卧底敏锐地感觉到，在他们老大讲话的时候，组织中的副手尽管一脸的笑容，不过身体却转向了别处。卧底意识到，副手对老大有所不满，这也许是从内部瓦解对方的一个好途径。因此从那以后，他开始刻意挑拨两人的关系。

果然，没过多长时间，这个犯罪组织就开始内讧。内讧大大削弱了这个组织的实力，很快便作鸟兽散了。就这样，一个让警方头疼了很久的组织，被瓦解了。

这个案例中的卧底，就是敏锐地观察到副手一个细微的肢体动作，从而洞悉了对方的内心想法。在现实生活中，一个人的肢体语言也同样会被有心人所观察到，其内心所想也可能会因此而暴露。因此，当我们在面对一个人的时候，不管自己内心是怎么想的，在还没有必要摊牌之前，就用一颗平常心去对待，而我们首先要做的就是不要转动自己的身体。

2. 手部动作

在逃离反应中，手的反应是不太直观的，这是因为手部的逃离不是通过动作体现出来的。当一个人有了逃离反应的时候，实际上他的神经系统已经开始为逃跑做准备了。这时候身体里的血液会向腿部集中，而手部则显得供血不足，因此会冒冷汗，手发冷，而这些特征都是没办法观察到的，所以说手部的逃离反应不太明显。不过，在某些特定的场合，比如，正式场合需要握手时，这个特征就会显得非常明显了。由于手部的逃离反应完全是生理上的反应，不能用理智加以有效克制，因此，假如你感到自己手心冰凉、冒虚汗的时候，那就要避免和他人握手。

3. 脚部动作

从科学的角度而言，控制自己的脚要比控制身体其他部分更难，因为脚是离中枢神经系统最远的一个器官。美国有位前FBI特工就曾经在书中总结过:“从头到脚，可信度逐渐增强。”

假如两个人是站着说话的，不管身体其他部分是怎样的状态，双脚脚尖一定是指向对方的；假如是坐着说话，双腿延伸线形成的扇形区域，会把对方涵盖在中间。不过当一个人产生逃离反应之后，脚会马上改变方向，这是典型的“准备逃走”的表现，同时也是逃离反应最直接的体现。而发生在脚上的逃离反应，尽管不容易被人察觉到，一旦被人发现，那么对方就可以确定你此时的心理状态了，因此，假如我们想要藏住心，那就要控制住自己的脚。

心理学家认为，当一个人面临危险、伤害等威胁而又无法战胜对方时，通常想做的事情就是快速逃离，以便保全自身。这时他们的内心会感到不安、恐惧、厌恶甚至是愤怒。准备逃跑时，血液循环会自动将更多的血液从全身其他位置抽离出来，输送到逃跑用的下肢中，这样身体其他部位就会出现血液颜色减退，而下肢则表现为肌肉紧张、兴奋甚至轻微颤抖。

冻结反应：短暂的时间和空间静止

在烈日炎炎的大草原上，一头羚羊在休闲地吃草，忽然感受到空气的流动发生了细微的变化，其中还夹杂着些许食肉动物的腥气扑鼻而来。这时由于身体的正常反应，羚羊停下了所有的动作，将大部分感受器官都集中在头部，它将头抬高，尽可能用眼睛、鼻子、耳朵和身上的每一根毛发来判断：是否有危险？危险来自什么动物？它们有多少？它们的速度有多快？它们距离自己还有多远？自己能否保证安全？是逃跑，还是战斗？逃跑的话会不会中埋伏？这么多的问题，需要羚羊在一秒钟之内判断出个大致结果，否则可能会让自己葬身敌腹。

在这里，羚羊身体的第一种防御战略就是冻结反应，因为移动会引起注意，一旦感到威胁便马上保持静止状态，这就是边缘系统为人类提供的最有效的救命方式。理由是许多动物，特别是大部分的肉食动物会对移动的物体十分敏感。

一所学校发生了一起女教师被谋杀的案件，警察快速赶往学校，对学校里的可疑分子进行排查。不过经过一番调查，警察发现，学校没有一个人和这位教师有过冲突，根本就没有人有理由杀害这位教师。

无奈之下，警察只好和校长握手告别，另觅突破口。然而，就在和校长握手的时候，警察发现这位校长的手掌冰凉。对此，警察认定，这位校长是在内心极度恐惧的前提下才会产生这样的“冻结反应”。

对此，警察不禁产生了疑问：他为什么会感到恐惧？是不是和案件有关？揣着这样的问题，警察把刑侦对象放到了校长身上。通过调查，终于真相大白。原来这位校长和女教师有私情，而女教师以此威胁校长，校长无奈之下，终于痛下杀手。

结果，一起特大杀人案件，就在一次不经意的握手中找到了真相，突破口就在于校长的冻结反应。

在生活中我们经常会看到诸如此类的冻结反应：家里养的一些小动物，比如兔子、猫、狗等，一旦它们感受到什么别样的气息，其反应就是停止自身的一切动作，只把耳朵转向声音的来源或者盯住它们觉得有东西的地方；假如一个房间的朋友在聊天，忽然出现了意外的敲门声或其他情况，大家的第一反应就是会暂停一切动作和语言，或许很短暂，不过大家肯定会有这样的反应，而不是立即用新的动作来对意外情况进行处理。

心理学家认为，冻结反应还会出现在人很紧张的时候，比如，快轮到你在大众面前说话或者表演的时候，又或者见到重要的人物时，人们经常会屏住呼吸或者做浅呼吸。假如在心理测试的过程中，被测试者忽然因为某一个问题或者情境而出现了短时间的冻结状态，那测试人员就需要深究这个微反应。

冻结反应通常表现为静止不动，或者由于约束而重复做同一个动作，不过这并不是冻结反应表现的全部。冻结反应具体表现为以下几个方面。

1. 呼吸

冻结反应的第一个表现是呼吸，我们经常说“大气都不敢喘”，这就是经典的冻结反应之一。当一个人在受到惊吓的时候，第一本能反应就是快速吸一口气，留着备用。不过他们在遭遇恐惧的时候，特别是迫于客观条件不能逃跑、不能反抗的时候，则会出现屏住呼吸或者减弱呼吸的冻结反应。当然，呼吸的冻结反应不容易被观察到，因为没有谁可以一眼看出其他人是在呼吸还是在憋气。

2. 手势动作

冻结反应体现在肢体语言上，首先发生反应的就是手势动作。我们都会有这样的感觉，当自己第一次站在一个大舞台上面，面对着台下数百观众的注视，肯定会感觉浑身不自在，甚至连自己的手都不知道应该怎么摆放了。而有的女士则习惯于双手互握放于身前，这个动作看起来有些可爱。而实际上，这是女士们紧张情绪的一种暗号，假如她们的手不这样互相约束的话，她们简直不知道把它们放在哪里好。

而男士经常见的动作就是将双手互握背在身后，这常常被人认为是沉稳大方的表现，不过实际上也是出于紧张。比如，将双手插入裤兜，用袖筒将手拢起来，有的新手主持人用一只手拿住麦克风，另外一只手插入裤兜，这也是手部的约束性动作。实际上，这些姿势的出发点是一致的，都是通过外力来约束手部，这些手的反应在具体的情境中，都是在不知所措的情形下所发生的冻结反应，映射了内心的紧张和焦虑。

3. 脚部动作

冻结反应所表现的肢体语言还体现在脚上，脚上的冻结反应主要体现在，当一个人感到恐惧的时候，马上会把脚摆到即将逃跑的状态中，这时人的腿部为了准备逃跑会大量充血，身体其他部分则供血不足，还会产生手心发凉的结果。

4. 面部表情

心理学家认为，除了呼吸和手脚的反应之外，冻结反应还有一个表现，那就是表情。通常情况下，假如负面刺激压力过大，冻结反应也会呈现在脸上，让人失去礼仪和修养的矜持，表现为面部肌肉僵化，表情僵硬。在这个表情呈现过程中，即使是最灵动的眼睛也会表现得呆滞，尽管因为需要继续观察，还有轻微的运动，不过总体上是盯着负面刺激源，便于寻找后续的解决方案。

假如你发现一个人表情僵硬、眼神呆滞，总是盯着一个地方，那么他很可能是产生了冻结反应，而他所注视的地方，就是让他感到恐怖之所在。

当然，冻结反应也会造成一些负面影响，比如，我们在过马路的时候，忽然有一辆失控的卡车从意外的地方冲了出来，这时最好的选择就是赶紧逃走。不过实际上，许多人这时会被冻结反应所控制——愣住了。从而失去了最好的逃生机会，酿成惨祸，这是冻结反应的负面效应。

简而言之，当一家人正在吃饭的时候，忽然听到门外传来十分巨大的敲门声，这时人们会是什么样的反应呢？是不是所有人都停下吃饭，看着门口，没有人发出声响，在数秒之后才会有所反应，在那一刻，时间和空间好像是被冻结了一般，这就是冻结反应。

距离反应：保持一定的距离最佳

美国有一位人类学家爱德华·霍尔，他对人与人的身体距离及与其相关的人际心理研究很透彻，他将人际身体距离分为四类，并认为这同时代表了人与人之间的心理距离。这四类分别是亲密距离、个人距离、社交距离和公共距离。亲密距离通常是指亲人、爱人、密友之间，空间范围在 0 ~ 0.5 米；个人距离指的是没有身体接触的距离，平时生活和工作场合中的人际交往都适用这个距离，范围在 0.5 ~ 1.2 米；社交距离是 1.2 ~ 3.5 米，主要是在正式的场合，比如外交活动、商业洽谈等；公共距离指的是公开演说时，演讲者与听众之间的距离，范围在 3.5 ~ 8.3 米，距离比较远，说话者不能用正常的音量进行交谈，而是需要借助工具。

尽管时代在改变，这几个数据也会随着出现的新情况而改变，比如在上班高峰期拥挤的公交车上，人与人之间的距离不得不拉近，这与上面所列举的范围无法对应。不过这个理论的基本原理依然是适用的，即便车厢已经像一个蒸笼，不过人们依然会尽可能地回避接触陌生人的身体，抑或尽可能挪出一个小小的空间让自己可以远离陌生人的气息。

晓阳喜欢到一家发型工作室做发型，她会对这里的发型师感到十分满意，但是这次却出现了一个小问题。就在晓阳跟发型师沟通 15 分钟左右的时候，她坚持要换一个发型师。店长不清楚原因，但晓阳又坚决不说出原因，无奈之下，店长只好给晓阳换了一个发型师。

后来，晓阳和自己的好朋友说出了原因，原来那个发型师在沟通的时候离她太近了，让她感觉到十分别扭，内心深处有一种莫名的愤怒。尽管那位发型师并不想冒犯她，不过低头说话的时候离得太近，示范发型时将自己的手指和晓阳的头发、脸部、耳部的接触面积太大，都是让晓阳感到不悦的原因。

在生活中，这样的事情比较常见，它所反映的是“身体距离”与心理距离的关系。在上面这个案例中，晓阳和发型师是第一次接触，彼此都还不熟悉，是较为单纯的商家和客户的关系，特别是对于一名年轻女性而言，可以接受一个陌生男性靠近自己的范围是有限的，尽管对方没有侵犯之心也是一样的。

在大学校园里，有一种常见现象也体现了这样的原理。在一堂课上，假如有 200 多名学生听课，学生们来自各个不同的院系，每天都是自由就座。不过，特别有趣的是，学生们每次坐的地方都没有太大的变化。那些成绩拔尖、学习积极、有自己的见解并进行较好的课前预习的学生，经常会坐得离讲台很近，许多同学还会特意坐在第一排；而那些成绩不好、很难很好地回答老师问题的学生，都会坐在与老师相隔很远的位置。实际上，这些学生就是通过身体距离来表明与老师不同的心理距离：那些努力学习的学生乐于表达对老师的亲近，同时很有自信能够回答老师的提问；学习不积极甚至原本打算在课堂上找时机睡觉的同学自然就要尽可能地躲开老师的注意。

身体距离就是我们经常所说的“私人空间”，这并不是一个有形的存在，而是围绕在人身体四周的一个抽象范围。在地铁或者公交车上，当人们上车的时候，通常都会选择人少的地方落座；在食堂吃饭的时候，大家都会挑没人的桌子坐下，假如实在人多，才会考虑与其他人共用一张桌子，虽然一张桌子能够坐 4 人。当别人侵犯自己的私人交往距离时，你自然而然地就会产生一种厌恶感，并试图以行动拉开距离。当然，这样的情绪还会给你消极的心理暗示，让你对这个人产生不好的印象，甚至心生反感。

心理学家认为，身体距离与心理距离有一定的映射关系，这个原理在生活中有较为广泛的体现，一些聪明的人可以巧妙地利用这层关系判断自己在他人心目中的位置以及人群中几个人之间的亲疏关系，同时还可以拉近自己与他人的距离，应用空间是非常广阔的。

领地反应：“我的地盘我做主”

领地反应是人在自己的“领地”中所表现出来的领导风范，通常在自己的地盘里，人会表现得放松、自在、威严，还可以丝毫不费力地指挥。假如有人敢于挑战自己的领地范围，则会引起强烈的警觉和反击。而在动物界中，也有这样一种现象，以狗为例，它们的领地感十分强。在生活中，我们经常可以看到狗建立自己的“领地”行为，尽管这在人类看来不太雅观。狗狗们经常以自己为中心，用气味标出地界，每隔一段时间还会更新。比如，狗狗们会沿着平时行走的路线找一些固定的地点，比如树干、路灯、电线杆下撒少量的尿。如此一来，等另外一只狗狗来到这里的时候，就可以凭着这独特的气味了解到这里已经有主人了，通常情况下就不会再轻易地侵入。而先到的狗狗假如看到外来的狗狗侵犯此地，也会对它进行驱赶。实际上，外来的狗狗一般也很识相，它们通常来到这种有主人的地界时行动都会十分小心，假如主人回来，它们一般不敢正面相对，避免发生矛盾，则会自觉地离去。

尽管领地反应表面上带有低等动物原始生存的色彩，不过其实这种心理和反应方式在人类社会中也普遍存在。领地反应主要包括两个方面：一是对领地内的事物有掌控感，另一种是对侵入领地者的防御和抵抗行为。

2012年12月18日，英国广播公司报道，英国外交大臣黑格宣布，将以女王的名字命名英属南极洲领地的南部地区，作为英国外交部赠予女王登基60周年的礼物。这片南极洲土地位于英属南极洲领地的南部，尽管伊丽莎白女王本人不太可能去视察这块领地，毕竟那里温度低、海拔高，不适宜人类生存。不过，黑格说："英属南极洲领地是英国14块海外领土中独特而重要的一块，把这块土地和女王陛下永远地联系起来，是极大的荣耀。"而女王本人也在社交网络上说："黑格先生的这份礼物要比卡梅伦内阁送我的60个杯垫好多了。"

尽管，英国此举并没有得到所有国家的承认，因为这片与阿根廷、智利等国在南极洲声称拥有的领土互相重叠，所以对南极洲领地的所有权一直存在争议。然而，英国以女王名字命名的行为，无非是想宣誓自己的所有权。而阿根廷等国对此问题有异议，则是不想放弃自己的领地权。

从国际政治角度而言，领地是指国家凭借军事、政治、经济力量所控制的领土，宣称对它享有独占的权利，不许其他国家染指。在日常生活中，人们盖房子，修篱笆是最基本的，除此之外，地方人士有外来朋友的时候，尽"地主之谊"也是这个道理。通常而言，人们在自己的领地中，微反应表现为"掌控感"，行为上轻松自如。

科学家罗伯特·安德列在著作《领域的必要性》中说道："人类的领域来自遗传，并且根深蒂固而不易改变。"比如，那些每天都去图书馆学习的学生会发现，很长一段时间之后，自己会对图书馆某个座位有特殊的感情，每次去都坐在那里。即便是结婚10年的夫妻也会发现，尽管没有事先约定，不过两人各自习惯性地睡在床的一侧，而不会经常互换位置。这些都是领地反应的典型体现，领地反应有两种基本形式，也就是对领地的确认和对领地的保护。

身体的领地反应有以下表现。

1. 心理暗示的身体语言

身体语言是人类自身“领地”确认的一种常见方式，比如明星在没有化妆的情况下，不愿意素颜面对观众，而这时正好有狗仔队拿着机器猛拍，这时明星就会做出将手臂向前方伸直，手掌张开，看起来有点像挡住镜头的姿势，实际上就是以手臂和身体的主体形成一个“保护圈”，心理暗示这个圈子内的范围属于自己，是别人侵犯不到的地方。

2. 内心强烈的掌控感

通常情况下，公司的领导一般在日常工作中形成较为强烈的“掌控感”，在公司里面，即便是进入狭小的电梯里，他也决不会蜷缩站在角落里，而是双腿叉开，自然地占据较大的面积。因为这是他的地盘，在潜意识里他认为自己是可以做主的。不过，假如他是向上级汇报工作，就不会出现这样的动作了。

3. 不可侵犯

领地反应还表现在不可侵犯，藏獒就有这样的特点。它们把自己所在的小环境理所当然地视为领地范围，具有很强的统领欲和占有欲。假如别的动物有胆侵入这片领地，它们就会勇敢地扑上去对其进行驱赶。同时，它们会对屈从者进行保护，对强大的冒犯者进行攻击。假如有陌生的动物进入它们的势力范围，它们就会表现出强烈的使命感和责任心，甚至可能丢下美味骨头而选择保卫家园。

4. 位置彰显领地

不管是东方还是西方，人们在入座时都会注意自己的位置，也会给领导者或德高望重者留出好的位置，这就是领地意识的表现。在西方，坐在椭圆形桌子或者长方形桌子两头的人，往往是权威者，比如父亲，也就是一家之主。而在中国，长辈习惯于坐在八仙桌的上首，俗称“朝南”，这与古代皇帝的坐北朝南的意义相同。

领地反应源于人们对自尊和被尊重的需要，作为人类社会的一员，要在群体中生存和发展，首要的意识是自尊，也就是在内心深处认同自己，甚至在一定程度上认为自己一定有一个方面强于他人。同时，需要通过各种形式获得外界的认同，也就是让别人也看得起自己，只有这样，人们才可以心态积极健康地生活。

仰视反应：人们向来敬仰和敬畏比自己强大的事物

仰视反应是对自己能力高低、地位差异、胜败预测、优劣定位进行判断后的反应。由于进化积累的本能，使得人会仰视比自己高大的对象，蔑视比自己矮小的对象；相反，人也会本能地尽可能抬高自己的身体以期建立优势，也会在认怂的时候，将自己的身体放低。因此，观察一个人的体态高低，可以判断其内心的自我定位。在人的意识里，比自己大的东西是要仰视和敬畏的。

在远古时代，通常体型较大的肉食动物不管是在捕猎还是在搏斗中，都会比较占据优势，同样的尖牙利齿，体型巨大的对手会造成更严重的伤害甚至死亡。而人类的祖先在群居时，身体高大的猎手也比较容易捕获更大的猎物，为群体的生存提供更加充足的食物。而大自然的鬼斧神工所造就的参天古木、悬崖巨石，都会让懵懂的人类产生发自心底的压倒性震撼和对遥不可及的神秘事物的仰望与敬畏。在人们看来，“大”代表着人类无法触及的神秘，代表着斗争实力上的绝对优势。这种代代相传的生存与死亡的认知，逐渐深深地烙印在了人类的意识当中。所以，在文明诞生之后，建筑物的大小与主人的身份地位成正比。

在一幕古装剧中：雍正皇帝的军务大臣年羹尧在西北平定叛乱，立下了赫赫战功，其妹妹华妃宠冠六宫，每天打扮得花枝招展，像开屏的孔雀一样与皇后叫板对阵。年羹尧回到京城之后，眼高于顶，对与他同朝的大臣不屑一顾，只有看见了皇上，总算还记得自己的姓名，言语上还知道“谦卑”一番，然而其内心的傲气早已洋溢在外，他身体的每一个动作、身上的每一处毛孔都透着“恃宠而骄”的心理。

有一次，皇帝面见年羹尧，除了赐坐，少不了一番推心置腹：“你与朕在外是君臣，在内是亲戚。你我君臣，一定要做一对千古榜样人物才好。”年羹尧听后，身体竟快速向后仰了一下，下巴抬起，双手双脚都呈敞开状，回道：“臣必当粉身碎骨，以报君恩。”皇帝听后，眼神有一瞬间的游移，短暂地落在了年羹尧双脚的方向，和蔼地说道：“你便坐好吧，动不动就谢恩。”

在古代，大臣面对皇帝大部分都谨小慎微，为尊上者内心深处也享受着这份小心，因为这小心里是对权力的服从，而年羹尧身体后仰、下巴抬高，尽管言语上感恩戴德，但身体的姿态已经表明他的身心十分放松，绝对不是在诚惶诚恐地谢主隆恩。所以，一个小动作就将年羹尧的恃宠而骄、得意忘形表现得淋漓尽致。

1. 抬高下巴的动作

即便是在人们的感觉中，抬高下巴的行为也是让人心生不悦的，因为这个动作中总透露着一丝不屑和傲慢。这表示行为人本身具有一种十分强势的自我认同和角色定位。当然，“我天生就比你高贵”与日常交际“互相尊重”的人际关系相悖，除了在森严的等级社会中可用于树立为上者的权威之外，在其他任何人际关系中都没办法真正讨好他人，毕竟所有人都希望自己被平等对待。

抬高下巴属于仰视反应的典型体现，同微反应的其他原理一样，也是人类在漫长的发展和进化过程中慢慢形成的。在原始社会的群体生活中，人们渐渐发现高大的人有一种天然优势，他们可以摘到更高处的果实，有更大的力量和更强烈的震慑感，在与野兽作战时有更大的把握和胜算，人们觉得这样的人比自身更有能力，不禁对他们产生敬畏感。

这种对“高大”的尊重原本产生于现实的物质生活领域，后来，在人类进化过程中慢慢得到强化。后来，体力劳动在人类生活中的作用慢慢被弱化，智慧的力量渐渐突显出来。于是，“高大”又延伸出了精神上更高一层的内涵，仰视行为由物质生活的需要演变成了社会礼仪和精神追求。所以，抬高下巴几乎可以作为傲慢的经典动作，若是加上面露不屑，甚至不正眼看人的情况，傲慢的心态就表现得更加明显了。

2. 趋下的肢体动作

诸如低头、藏头、谨慎迈步、并拢双腿、屈膝等姿态则是人自我定位较低、将自己放在较弱势位置的体现。中国传统的儒家文化强调尊重父母、君上，于是这些动作经常发生在下对上的动作之中。比如有名的“孔鲤过庭”故事中有“鲤趋于庭”：孔子的儿子名叫孔鲤，有一天孔子在庭院中问儿子话，孔鲤做了一个很有礼貌的动作，即“趋”，这在古代有小步快走的意思，碎步走以应长者的召唤。

当然，“趋下”也表示尊重，比如在宴席间敬酒，有一个心照不宣的礼仪是，后辈或身份、地位低的人都懂得将酒杯杯身放低，以自己的酒杯上半部碰对方酒杯的下半部，以表现一种“就下”的态势，这是仰视反应衍生出来的。而“尊上者”若是修养良好且待人和蔼，往往也会将酒杯降低以表示尊重对方，双方人格平等，不以地位论英雄。

仰视反应不仅仅在身体的本能动作上，同时也存在于所有人的心灵深处。在现实生活中，切不可轻易露出“傲慢”的微反应以示人，尽管微反应是人体本能的反应，不过这种本能是由人内心的自我定位设定的，当我们内心将自己与别人平等地放在一条水平线上时，这种让人反感的小动作自然会减少。实际上，每个人对自己的评价都是极高的，而做出傲慢的动作等于强迫与自己交往的对象处在一个“下”的位置，必然会引起对方的反感。

登门槛效应：一步步来，更易达成共识

心理学家D．H．查尔迪尼代替某慈善机构做一次募捐活动，他对一些人说了一句“哪怕一分钱也好”，对另外一些人却什么也没有说，结果前面那些人的募捐要远远高于另外一些人。心理学教授认为，在通常情况下，人们都不愿意接受较高较难的要求，这主要是因为这很费时费力却又难以成功。相反，人们乐意接受一些微不足道的要求，因为很容易就完成了，在实现了较小的要求之后，人们才慢慢地接受较高较难的要求。这就是登门槛效应对人们心理的影响。登门槛效应，也称得寸进尺效应，是指一个人一旦接受了他人的一个微不足道的要求，为了避免认知上的不协调，或想给他人以前后一致的印象，就有可能接受更大的要求。这种现象就好像登门槛时需要一个台阶一个台阶地登，最后很容易就登到了高处。其实，每一个人都希望自己在他人面前保持形象一致，这是基于内心的心理需求，他们不希望自己成为那种反复无常的人。由于这样的一种心理，我们可以巧妙地运用登门槛效应，稳步推进，最后与他人达成共识。

1966年，美国哈佛大学心理学教授弗里德曼与助手弗雷瑟做了这样一个现场实验：实验者让助手到两个居民区劝人们在房前竖一块写有“小心驾驶”的大标语牌。在第一个居民区向人们直接提出这个要求，结果遭到很多居民的拒绝，接受者仅占被要求者的17%。在第二个居民区，先请求各居民在一份赞成安全行驶的请愿书上签字，这是很容易做到的小小要求，几乎所有的被要求者都照办了。几周后再向他们提出竖牌的要求，结果接受者竟占被要求者的55%。

同样都是竖牌的要求，却产生了截然不同的结果，为什么呢？

弗里德曼说：“人们拒绝难以做到的或违反意愿的请求是很自然的，但是他一旦对某种小请求找不到拒绝的理由，就会增加同意这种要求的倾向。”当我们向对方提出一个较小的请求时，对方没有办法开口拒绝，否则，就显得太不近人情了。于是，对方答应了这个请求，这就好像跨越了一道心理上的门槛，当我们又一次提出较高的请求时，由于这个要求与前面一个请求存在继承的关系，对方就很容易地接受了。

1984年，东京国际马拉松邀请赛中，日本选手山田本一夺得了世界冠军，有记者问他是如何取胜的，他只说了一句："我是用智慧战胜对手的。"当时，许多人都认为山田本一是故弄玄虚，因为智慧对马拉松来说并不会有什么帮助，大家觉得他的说法实在是有些勉强。

两年之后，意大利国际马拉松邀请赛在米兰举行，山田本一代表日本参加了此次比赛，并再次获得了世界冠军。比赛结束后，记者们又一次问到了如何获胜，山田本一依旧回答："用智慧战胜对手。"这次，记者们并没有挖苦他，只是仍旧不明白他所谓的智慧是什么。直到10年之后，山田本一在自传中详细地回答了这个问题："每次比赛前，我都会先把比赛的路线仔细地看一遍，并且把沿途比较醒目的标志记下来，比如第一个标志是银行，第二个标志是一棵大树，第三个标志是一座红房子……就这样一直记到赛程的终点。等到真正比赛时，我会奋力地向第一个目标冲刺，等到达第一个目标后，再用同样的速度跑向第二个目标。这样一来，不管多远的赛程，只要分解成几个小目标，就可以轻松地跑完全程了。"

山田本一用极其简单的道理解释了"登门槛效应"，任何目标的实现都有一个循序渐进的过程，不可能一蹴而就，它需要人们一步一个脚印，一步步实现每一个小目标，这是获得成功的关键。当我们想要说服对方的时候，不要指望一步就能成功，而是一步一步，稳步推进，这样更容易与对方达成共识。对一个推销员来说，若可以令顾客打开门，跟顾客展开交谈，他已经取得了一个小小的进步，在这样的情况下，说服顾客看一看自己的产品，这又将是一次进步，最后，他再向顾客提出"购买产品"的要求，这会令顾客比较容易接受。

权威效应：暗示对方认可你的想法

权威效应，有时候也被称为权威暗示效应，指如果一个人地位高、有威信，就会受人敬重，而他所说的话以及所做的事情就很容易引起别人重视，并让他们相信其正确性。正所谓“人微言轻，人贵言重”，通过权威效应，我们暗示给对方这样的信息：这可是权威人士的话语，绝对是毋庸置疑的。给予对方心理一定的压力，迫使其相信这是正确的，从而达到影响他人心理的目的。其实，权威效应之所以普遍存在，是基于两方面的原因：一方面在于满足了人们的崇拜心理，通常情况下，威信、权势对于人们来说是一种强大的吸引力，普遍存在的崇拜心理使得人们对那些权威人士所说的话深信不疑；另一方面，由于人们都有“安全心理”，他们认为权威人物才是正确的楷模，听从他们的言论会使自己更具有安全感，增加不会出错的“保险系数”。所以，在日常交际中，我们要善于利用权威效应，暗示对方认可自己的想法。

心理学教授向同学们介绍了一位特别来宾——“比尔博士”，教授告诉学生：“比尔博士是世界闻名的化学家，今天来这里是要做一个实验。”然后，比尔博士从皮包里拿出一个装有液体的玻璃瓶，告诉同学说：“这是我正在研究的一种物质，它的挥发性很强，当我拔出瓶塞，它马上就会挥发出来，但是，它完全无害，气味很小，当你们闻到气味时，请立即举手示意。”

说完之后，比尔博士拿出了一个秒表，并拔出瓶塞。一会儿工夫，只见学生们从第一排到最后一排都依次举起了手。心理学教授告诉学生们：“好，同学们，实验到这里就结束了，但是，我不得不告诉你们的是，比尔博士只是我们学校的一位老师化装的，而那个瓶子里装的物质只不过是蒸馏水。”听了教授的话，学子们一个个面面相觑，刚才做实验的时候，自己明明闻到了一种气味呀，这是怎么回事呢？看到学生一个个满脸疑惑的样子，教授告诉他们：“这是因为你们刚才受到了‘比尔博士’的暗示，他是世界闻名的化学家，所以你们相信他的言论，他暗示瓶子里装的是一种他正在研究的物质，气味很小，所以，你们就相信了，并且似乎相信自己闻到了那种特殊物质的气味。”

本来只是没有任何气味的蒸馏水，但是，“权威”比尔博士的语言暗示让许多学生都相信它有气味。从这个实验中我们可以看出人们所具有的“安全心理”和“认可心理”，他们总认为自己的言行要与权威人士保持一致，他们觉得：自己只有相信权威人士的言论，自己才能得到各方面的认可。于是，在这两种心理的促使下就诞生了权威效应。

吉姆找了一份兼职，他需要照顾独居的威尔森太太，并帮她做一些家务。吉姆十分热情，做事情也很认真负责，深得威尔森太太的信任。一天晚上，威尔森太太敲响了吉姆的门，说道：“吉姆，很抱歉这么晚来打扰你，我的安眠药吃完了，怎么也睡不着觉，不知道你身边有没有？”吉姆睡眠很好，从来不吃安眠药，突然他灵机一动，对威尔森太太说：“上星期我朋友从法国回来，刚好送我一盒新出的特效安眠药，我这就找出来，您先回去，我一会儿给您送过去。”听到吉姆说有“特效安眠药”，威尔森太太点了点头。

等到老太太走后，吉姆找出了维生素片，送到了威尔森太太的房间，告诉她：“这就是那种新出的特效药，您吃了之后一定能睡个好觉。”老太太高兴地服下了那粒“特效安眠药”，第二天，老太太对吉姆说：“你的安眠药效果好极了，昨晚我吃完后很快就睡着了，而且睡得很好，好长时间没有这么舒服地睡觉了，那种特效安眠药你能不能再给我一些？”吉姆只好继续让老太太服用维生素片，一年之后，威尔森太太还经常念叨吉姆的“特效安眠药”。

吉姆不过是用了一粒维生素片，就让威尔森太太进入了梦乡，这就是心理暗示的作用。由于平时对吉姆十分信赖，而且，听说是“法国带回来的特效安眠药”，在权威效应的强烈心理暗示作用下，威尔森太太相应产生了服用了“特效安眠药”应该有的效果。

邻里效应：和谐熟悉的人际关系更易成事

《南史》里记载了这样一个故事：一个叫宋季雅的人，为了自己能有个好邻居，不惜以昂贵的价格买了一幢房子，有人说这样太贵，宋季雅却说：“不贵，这一百万元是买屋，另外一千万元是买邻居的。”俗话说：“远亲不如近邻。”宋季雅之所以愿意花高价买房子，是希望自己有个好邻居，而有了好邻居，就相当于为自己增添了左膀右臂。在现实生活中，我们大部分的朋友除了同学、同事，就是邻居了，心理学家认为：人们总是能够比较容易在同学、同事或邻居中找到与自己志同道合的人。对此，美国社会学家巴萨德曾在 20 世纪 20 年代做了一项研究，在美国费城，他研究了 5000 份结婚申请书，通过研究发现：至少有 1/3 的夫妻，婚前都曾住在 5 个街区之内的范围中。这就是心理学上著名的“邻里效应”，事实上，每个人对自己的邻居或多或少都有一份亲切感，我们可以利用邻里效应向对方传递心理暗示，暗示互相熟悉，那么办事自然就容易了。

邻里效应就是指地方环境的特点可以影响人们的思想和行为的方式，它经常用来解释某些地理类型。产生邻里效应有两方面的原因：一是由于人们普遍存在一种建立和谐的人际关系的期望，他们渴望与邻居建立友好的关系，这一期望促使他们尽量避免与邻居发生不愉快的事情。同时，当人们在看待他人的时候，多倾向于看到对方积极的一面，而忽视其消极的一面，这为邻里效应的产生创造了良好的开始；二是由于人们在交际过程中，总是试图以最小的代价换取最大的报酬，而和邻居交往比和那些距离较远的人交往所付出的代价要小得多。由于邻里效应，生活里经常会出现一些“近水楼台先得月”的事情。为此，来自哈佛大学的心理学家曾做过这样一个实验。

20世纪50年代，来自哈佛大学的美国心理学家对麻省理工学院17栋住宅进行了一次调查。被调查的住宅区大多是二层楼房，在每一层都有5个单元住房，每个单元的住户都是偶然性居住，通常每一天都会发生“哪个单元的老住户搬走了，新住户搬进去了”的事情，因此，此次调查具有随机性。调查开始，心理学家向所有住户问了同样一个问题：在这个居住区中，和你经常打交道的最亲近的邻居是谁？调查数据显示，那些居住距离越近的人，他们的交往次数越多，关系自然就越亲密。心理学家以精确的数字统计说明了这一结果：在同一层楼里，与隔壁邻居交往的概率是41%，与中间相隔一家的邻居交往的概率为22%，与中间相隔了三户的邻居交往的概率却只有10%。住户之间相隔的距离越远，他们的亲密程度就越低，虽然实际距离并没有增加多少，但是，其亲密程度却有很大的不同。

无论是心理距离还是实际距离，与他们交往越多，彼此之间的关系就越亲密。因此，有位心理学家曾这样告诫人们：“如果你想追一个女孩子，千万不要每天都给她写信，因为她有可能因此而爱上邮差。”由此可见，要想与人建立亲密关系，我们就要善于利用“邻里效应”，向对方暗示彼此有着极为熟悉的关系，以此影响对方心理。如此一来，对方对你定会增加亲密度，对你的印象就会深一些，这一效应常常被我们用于求人办事中。

李连长接到命令：与东北某化工厂经理协商，希望能得到对方的炸药援助。李连长接到任务后，连夜赶到化工厂供销科，可是还没有开口就被拒绝了：“眼下没货！”李连长连忙找到了厂长，希望获得帮助，可厂长始终不为所动，硬邦邦地对他说：“眼下没货，我也无能为力。”

这时，厂长劝李连长不要再磨了，并给他倒了一杯茶水，李连长并不死心，他喝了一口茶，突然，他开口说道：“这水真甜啊！天津人可是苦啊，喝的是从海河槽里、各洼淀中集的苦水，不用放茶叶水就是黄的。”这时，他又看到了厂长戴的正是天津产的手表，于是又说道：“您戴的也是天津表？听说现在全国每10块表中就有1块是天津的，每4个人里就有1个用的是天津的碱，您是办工业的行家，最懂得水与工业的关系，造一辆自行车要用一吨水，造一吨碱要160吨水，造一吨纸要200吨水……没有炸药，工程就得延期……”厂长惊问道：“你是天津人？我也是天津人哪。”李连长笑着回答：“不，我是河南人，但咱们是邻居啊，也许通水时，我也能喝上那滦河水！”经过这一番对话，厂长被打动了，他抓起电话立即下达命令：“全厂加班3天！”3天后，李连长拉着一车炸药胜利返程了。

一句“咱们是邻居啊”一下子拉近了两人之间的心理距离，话语中暗示着彼此的熟悉关系，那么，办事自然就没有问题了。邻里效应的产生是非强迫性的，是他人在心理暗示作用下做出的主动行为，通过彼此的交谈，不知不觉中发生的情感和行为变化，因此，邻里效应还会产生出“社会感染”这样一种社会心理机制。

轰动效应：在他人心里留下难以忘怀的印象

芭芭拉·瓦尔特斯曾说：“在你的一生当中，总有一些时候可以毫不夸张地说命运取决于给人留下什么样的印象——其中包括寻求配偶的阶段和谋职期间。在这种时候，你是不甘屈居第二位的。”在日常生活中，我们常常会遇到一些交际障碍，与初次见面的陌生人交往时，即使自己已经作过自我介绍了，但对方似乎忘记了，毫不理睬自己。为什么会出现这样的情形呢？其实，之所以出现交际障碍是源于你给对方留下的印象不够深刻，在对方心里没有达到轰动的效果，因此，他很有可能会忘记你的一些信息。那么，如何给对方留下一个深刻的印象，以此来影响他人心理呢？有的人故意做出一些轰动的事情，来衬托自己的“出场秀”，这就是心理学上的“轰动效应”。

轰动效应，也就是一个通过引人注目的事件，达成轰动的社会效应。比如，一个俊秀的年轻人，偏要找个最丑的女子，让别人吃惊，或者有人故意做出荒唐事情，以造成社会轰动。轰动效应的形成，主要来自两方面：一是依靠媒体传播，二是依靠口头传播。通过传播形成轰动效应，从而提高自己的知名度。轰动效应又有主动与被动之分：为了达到自己的某种目的而形成的轰动效应称为“主动”；无意之间被媒体或口头传播而形成的轰动效应称为“被动”。在日常交际中，我们可以运用主动的轰动效应，以达到给他人留下深刻印象的目的。

在巴黎，有一位才华横溢的年轻画家，但是一直以来，他默默无闻、一贫如洗，一张画都卖不出去。而在巴黎画店的老板都只寄卖名人的作品，年轻的画家根本没有机会让自己的画进入画店出售。虽然这位年轻的画家多次恳求画店老板寄卖自己的作品，但每次老板都以“你不是名家”为理由而拒绝他。

有一天，画店来了一位顾客，向老板热切地询问有没有那位年轻画家的画。画店老板支支吾吾，拿不出画来，只好据实相告，最后只能遗憾地看着顾客满脸失望地离去。在之后的一个多月里，画店里不断有顾客来询问年轻画家的作品，画店老板开始为自己的过失感到后悔，他多么渴望再次见到那位原来如此“有名气”的画家。就在老板非常焦急的时候，那位年轻的画家出现在了画店老板的面前，他成功地拍卖了自己的作品，并因此而一夜成名。

原来，当那位年轻画家兜里只剩下十几枚银币时，他想出了一个聪明的方法：他用钱雇用了几个大学生，让他们每天去巴黎的大小画店四处转悠，每人在临走的时候都要询问画店的老板：有没有这位画家的画？哪里可以买到他的画？而这位充满智慧的年轻画家就是毕加索。

毕加索用钱雇用了几个人为自己传播“名气”，在画店老板面前刻意营造出“名家”的印象，如此一来，给画店老板留下了深刻的印象，自己的画得以成功地拍卖出去，并因此而一夜成名，这就是一个典型的“轰动效应”。其实，有时候一些名人的事件经过媒体传播，往往也会形成轰动效应。张国荣因抑郁而跳楼自杀，引起了轰动；英国王妃戴安娜因车祸死亡，在世界引起了轰动。

另外，有的轰动效应却是由于出奇的事件而引起的。

舟舟在出生后一个月，父亲就被医生告知他是医学上被称为不可逆转的中、重先天愚型患者，这一消息给家庭带来了巨大的悲痛。但是，父亲并没有放弃舟舟，在他两三岁的时候，父亲就带着他泡在排练厅里，舟舟的逻辑思维很差，但形象思维能力却很强。长年待在排练厅里，使他对指挥家先生观察得相当细微。舟舟大约 6 岁的时候，一次排练休息，乐手们在休息时与舟舟开起了玩笑：“舟舟，想不想当指挥？”“想！”舟舟爬上了指挥台，举起了指挥棒，惟妙惟肖地学起了指挥家的动作，下面的乐手们随着指挥棒演奏了起来。

1997 年，湖北电视台在对舟舟进行了长达 10 个月的跟踪采访拍摄之后，诞生出一部长达 60 分钟的纪录片《舟舟的世界》。顿时，舟舟在武汉成了知名人士，然而，戏剧化的变化还在后面。1998 年年底，中国残联的刘理事长打电话给舟舟，邀请他参加 1999 年 1 月在北京举行的残联新春晚会。在残联新春晚会上，舟舟指挥赫赫有名的中央芭蕾舞剧院交响乐团，完美地演绎了经典曲目。之后，舟舟除了在全国巡回演出外，还去美国指挥了世界顶级乐团——美国国家交响乐团、辛辛那提交响乐团的演出，震撼了全美国。

舟舟出奇的指挥家天赋，使得他造成了影响整个世界的轰动效应，他留给人们的印象是无比深刻的。他曾与施瓦辛格手牵手进入人民大会堂，舟舟那传奇般的音乐人生让首次来中国的施瓦辛格十分感动，这位慈善大使当场捐款 15 万美元，而香港著名演员刘德华搂着他深情地唱了一曲《你是我的一片希望》。舟舟给无数个了解他事迹的人带来了久违的感动。

海格力斯效应：消除敌意

生活中经常出现这样的现象：由于误解或嫉妒，两个人有了矛盾，这时候，如果你想报复对方，就会加深对方对你的仇恨，有可能导致的结果就是他会挖空心思加害于你；如果你继续不罢休，他就会更加恶毒地报复你，在这样一个过程中，你心中的敌意越深，那么，对方对你的报复可能就会越狠毒，最终两败俱伤。这就是“海格力斯效应”的表现，用最简单的话说，“海格力斯效应”就是“以牙还牙，以眼还眼”，或者是“以其人之道还治其人之身”，即如果你总是跟我过不去，那么，我就会让你不痛快。

海格力斯效应是一种人际互动，它是一种人际之间或群体之间存在的冤冤相报、致使仇恨越来越深的社会心理效应。在日常交际中，如果我们深陷海格力斯效应，那么，无疑会陷入无休无止的烦恼之中，这样，我们会错过路边许多美丽的风景，失去真正的快乐，人际关系也无法取得较好的效果。

海格力斯效应源于希腊神话的一个故事。

海格力斯是一位英雄大力士，有一天，他在一条坎坷不平的路上走着，突然，他看见路边有一个鼓起的袋子，样子十分难看。海格力斯对其产生了厌恶之情，他用力踩了那难看的东西一脚，谁料，那东西不仅没有被海格力斯一脚踩破，反而膨胀起来，并不断地增大体积。海格力斯本来就对那东西充满厌恶，心想：自己可是英雄力士，怎么可能输给这个难看的东西呢？

海格力斯越想越生气，心中积压了一团怒火。于是，他顺手操起路边的一根碗口粗的木棒朝那个怪东西砸去，谁想，这个东西在重力之下愈加膨胀起来，竟然把前面的路都堵死了。海格力斯纳闷极了，这是什么怪东西啊，但此时自己已精疲力竭，没有力量对付它了。这时，一位圣者走到海格力斯面前，对他说：“朋友，快别动它了，忘了它，离它远去吧，它叫仇恨袋，你不惹它，它便会小如当初；你若侵犯它，它就会膨胀起来与你敌对到底。”

每个人内心的仇恨都如海格力斯所遇到的那个袋子，刚开始，我们忽视它的时候，它看起来很小，如果在这时，我们继续忽略它，那么，深植于内心的矛盾就会被化解开了，仇恨自然会消失；如果你总是与它过不去，甚至对它产生了怨恨之情，那么仇恨就会加倍地报复于你。所以，为了避免海格力斯效应，我们应该忽视内心的仇恨，尽可能地忘记它，这样，我们的社交之路才会更通畅。

尊重定律：给足他人存在感

席勒说：“不知道他自己的尊严的人，他就完全不能尊重别人的尊严。”尊重是每个人必须坚持的第一个原则，从小，我们就应该学会“站着”，而不是“趴着”去仰望那些大人物，这样所建立的自信心与健全的人格会为我们的一生打下坚实的基础。一个人的心灵世界，是要靠自尊来支撑的，尊严可以带给人自信，也可以改变一个人的命运。当然，一个人除了要有自尊，还要尊重他人。

在哈佛的众多校长中，劳伦斯·萨默斯是任职时间最短的一位，当然，并不是因为萨默斯的能力不够，或者说资历不强，而是源于萨默斯在某些方面不懂得尊重人，最终，他不得不告别了哈佛大学。

28 岁的萨默斯获得了哈佛大学哲学博士学位，在 1982—1983 年，萨默斯曾受雇于时任总统里根的经济顾问委员会。1983—1993 年，萨默斯受聘为哈佛大学经济学教授，而且，他成了哈佛大学现代历史上最年轻的终身教授。1991—1993 年，萨默斯在世界银行贷款委员会担任首席经济学家，1999—2001 年，萨默斯担任克林顿政府第 71 任财政部长。在美国历史中，萨默斯是一位社会名声显赫的人物，然而，正是这位声名显赫的大人物，却惨遭哈佛大学的“滑铁卢”。

萨默斯是一个习惯“信口开河”的人，而就是这一习惯让他付出了惨重的代价。2001 年，年仅 47 岁的萨默斯接任哈佛校长，在就职期间，萨默斯不经意说了一句：“女性先天不如男人。”顿时，这一观点被斥责为“性别歧视”的论调，在哈佛大学引发了一场“反萨默斯”风潮。其后果是，萨默斯与同事关系紧张，严重影响了哈佛大学的团队精神。在一次投票中，哈佛的教职员纷纷向萨默斯投下了不信任票，在这样的舆论压力下，萨默斯只有主动辞职，使他成为历届哈佛校长中就职时间最短的一位。

虽然，劳伦斯·萨默斯在美国社会是一位赫赫有名的人物，但是，在哈佛大学他不能享受一丝特权。萨默斯作为哈佛大学的校长，他有管理学校的权力，同时，他又承担着相应的责任，他的言行举止必须接受哈佛广大教职员的监督，所以，在教职员的不信任下，萨默斯被迫离开了哈佛。哈佛民主治校的人文精神是“反对特权、崇尚平等”，几乎每一位哈佛学子都渴望在平等中获得尊重。而萨默斯一句不尊重女性的话，最终导致了其威望值下降。

纽约商人看到一个衣衫褴褛的铅笔推销员，出于内心的怜悯，纽约商人塞给那人一元钱，但是，过了一会儿，纽约商人意识到自己的行为伤害了对方的自尊。于是，纽约商人返回来，从铅笔推销商那里取出几只铅笔，并解释道：“不好意思，我忘记取笔了。”然后，他又说道：“你跟我都是商人，你有东西就要卖给别人。”几个月过去了，纽约商人再次遇到了那位卖笔人，这时，那卖笔人已经成为推销商，他感谢了纽约商人：“你重新给了我自尊，告诉了我，我是个商人。”我们应该记住：在日常交际中，尊重永远是社交的第一要素，在任何时候，面对任何人，我们都要学会尊重。

史塔勒公理：带着感恩的心生活

只有那些心怀感恩的人，才能视万物皆为恩赐，也只有当我们心中充满了感恩之情的时候，世界才会变得美好无比，苦难才会变得甘之如饴。不论什么时候，如果我们能将感恩的情绪融入家庭中，那么，家庭生活的质量就会得到改变，自己的疲劳感也会相对地大幅度减少。在家庭生活中，需要教给孩子最重要的一课就是“懂得感恩”。或许，不同的父母面对孩子的教育，其侧重点会不一样，有的父母特别注重孩子的学习成绩，有的父母侧重于孩子的智力开发，但是，诸如此类，远不如让孩子从小就拥有一颗感恩的心。感恩，对于每一个人来说，都是非常重要的，因为，只有懂得了感恩，才会懂得如何爱人。

约翰只是麦当劳的一名普通员工，每天，约翰的工作就是不停地去做许多相同的汉堡，这份工作在其他人看来，几乎没有任何新意，每天面对相同的汉堡，有什么意思呢？但是，约翰本人却不这样看，他依然在这份简单而枯燥的工作中体会到快乐。每天上班，约翰都满怀善意的微笑来面对每一个顾客，几年来一直如此，约翰那份快乐感染了许多人，有人好奇地问他：“约翰，为什么对这样一种毫无变化的工作感到快乐呢？究竟是什么让你充满了热情？”约翰笑着回答：“我每做出一个汉堡，就知道一定会有人因为它的美味而感到快乐，那我也就会因我的作品产生成就感，这是多么美好的事情，因此，每天我都会感谢上天能给我这么好的一份工作。”

或许是约翰快乐的心情所带来的好运，这家店的生意越来越好，名气也越来越大，后来，就连麦当劳的总管也知道了约翰的名字，于是，约翰得到了公司一个重要的职位，然而，他那份发自内心的感恩却并没有消失。

洛克说：“感恩是精神上的一种宝藏。”为什么约翰总是那么快乐呢？这主要是源于一个心理学中的重要公理——史塔勒公理。史塔勒是美国一位心理学家，他热衷于研究那些奇怪的现象。有一次，史塔勒对奥黛丽·赫本这位著名的好莱坞影星产生了兴趣，因为在赫本身上，史塔勒发现了两项有趣的纪录：一是她一生结过 8 次婚，二是她从来没有看过心理医生。史塔勒对此感到十分奇怪，他下决心要深入研究赫本，希望能够找到赫本保持心理健康的秘诀。

史塔勒翻阅了所有关于赫本的报道，逐渐发现了赫本有别于其他影星的特点：赫本曾息影 8 年，这对好莱坞来说是史无前例的；赫本曾做过 67 次亲善大使，在 1956—1963 年期间，她几乎每个月都会到码头、监狱、黑人社区做义工。最后，史塔勒得出这样的结论：奥黛丽·赫本非常喜欢做无报酬的慈善工作。

越是深入研究赫本，史塔勒越是发觉在赫本身上可能隐藏着某种心理学，为了证实自己的推论，史塔勒开始对其他乐于做公益事业的名人富翁进行研究。最后，史塔勒发现那些热衷于做慈善事业的名人富翁都具有这样的特点：很少有怪癖以及不良记录，几乎没有看过心理医生。后来，史塔勒把自己的发现应用到一些特殊病人身上，结果，许多人在接受医疗或忠告以后，内心的阴霾消失不见，重新变得乐观起来。于是，人们将这种一个人付出没有金钱和物质回报的劳动等于得到的精神和心理方面的补偿，命名为“史塔勒公理”。

史塔勒公理被提出之后的那段时间，在美国好莱坞掀起了争做联合国亲善大使的热潮，人们争着去非洲的索马里、南斯拉夫的科索沃难民营。后来，那些热衷于慈善的人发现世界上存在这样一个公理：当一个人付出的劳动没有得到金钱和物质的回报时，必定可以得到等值的精神愉悦。史塔勒公理告诉我们：奉献常常会得到意外的回报。虽然，我们常常说奉献要不求回报，但是，这就是一个自然现象。

蝴蝶效应：别忽视了一些家庭细节

一只南美亚马孙河流域热带雨林中的蝴蝶，偶尔扇动几下翅膀，可以在两周以后引起美国得克萨斯州的一场龙卷风。原因在于蝴蝶扇动翅膀的运动，导致它身边的空气系统发生变化，并产生微弱的气流，而这看似微弱的气流又会引起周围空气或其他系统产生相应的变化，从而引起一个连锁反应，最终导致其他系统的巨大变化。这就是心理学中著名的“蝴蝶效应”。1963年，美国气象学家爱德华·罗伦兹在一篇论文中分析了这个效应：“一个气象学家提及，如果这个理论被证明正确，一只海鸥扇动翅膀足以永远改变天气变化。”蝴蝶效应告诉我们：有可能一件表面上看来非常微小的事情，却有可能带来巨大的变化。在日常生活中，我们千万不可忽视细节的作用，尤其是在家庭生活中，一件小事情可能会导致大的冲突或矛盾。

一位男士由于在公司受到了领导的批评，心中闷闷不乐，一个人在街上徘徊，直到深夜才回家。妻子见丈夫回来晚了，就询问道：“今天你怎么回来这么晚？”丈夫一听，正愁自己的怒气没有地方发泄，于是，他朝着妻子大声吼道：“回来晚怎么了？我就不能晚回来吗？”看到丈夫这样的态度，妻子感到很委屈，心想：我也是关心你才这样问，你怎么一点也不识好歹。于是，妻子越想越生气，这时，儿子跑过来问妈妈："妈妈，怎么还不吃饭啊？我都快饿死了。"

妻子听到儿子在旁边吵着要吃饭，心里更烦了，冲着儿子大叫："吃饭！吃饭！你就知道吃饭，饿不死你。"听了妈妈的话，儿子不乐意了，心想：你们大人闹脾气，干吗拿小孩出气？这时候，家里养的一只小花猫跑过来了，对着儿子叫："喵……喵……"正在生气的儿子对着小猫的屁股就是一脚，小猫尖叫了一声，跑出了家门，冲到街道上，这时，一辆面包车正开了过来，司机为了躲避小猫，不小心将一位正在过路的老太太撞倒了，最后，引发了一场严重的交通事故。

即使这个故事并不真实可靠，但是，我们对于故事里的一些情节却丝毫不陌生，因为，这在日常的家庭生活中，我们经常可以遇到。许多人一旦在工作单位有了不良的情绪，不懂得找合适的途径发泄出去，一不小心就带回了家里，从而伤害了家人，破坏了和谐的家庭气氛。心理学家对此做过一项统计：家庭生活中的大多数矛盾纠纷，其导火线都是一些微不足道的小事或者十分琐碎的事情。因此，为了家庭的和谐与温馨，不要忽视细节方面的东西，哪怕是一件十分细小的事情，我们也应该避免发生，否则，很有可能会引发一场大的家庭战争。

西方流传着这样一首民谣："丢失一个钉子，坏了一只马蹄；坏了一只马蹄，折了一匹战马；折了一匹战马，伤了一位骑士；伤了一位骑士，输了一场战斗；输了一场战斗，亡了一个帝国。"或许，这首民谣是"蝴蝶效应"的最好解释，"丢失了一个钉子"，本来是一件多么微不足道的事情，但是，其事件发展的长期效应却与一个国家存亡有着顺应联系。所以，在任何时候，我们都不要忽视一个细节所带来的巨大作用，可能只是略带嘲讽的眼神，或者一句冷冰冰的话，就可能导致整个家庭爆发一场战争，这跟国家的存亡是一样的道理。

胜败反应：荣辱皆惊才是正常反应

生活中，我们常说："胜不骄，败不馁。"这是一个大将面对成败举重若轻的态度。不过这样的风度毕竟是很少有人能做到的，人们之所以会如此推崇这句话，正是因为大部分人实际上都做不到这一点。而宠辱皆惊、患得患失才是大部分普通人的正常反应，这是比较符合人性的，不管人们怎么努力隐藏，还是会从微反应中表现出来，这就是胜败反应。胜败反应之所以可以帮助我们洞悉别人的心理，是由于这些身体微反应，不但表现出胜利和失败两种结果，而且还可以反映当事人的心态，这是极其关键的。换而言之，我们可以从中看到人们面对成败结果的时候，到底是兴奋、得意，还是悲伤、压抑，这些心理可以帮助我们推测当事人未来将进行的活动，便于我们选择接下来与之交往所要采取的策略。

在一年一度的大型音乐节目的颁奖典礼上，主办方邀请了当红的 Lili 帮忙开奖助阵，Lili 当年刚刚蹿红，与其他资深嘉宾的根基尚不能同日而语，不过可以得到这样一个机会，她内心还是感到非常骄傲的。虽然她在典礼上竭力控制"受宠若惊"的表现，但在献唱的时候，人们还是可以看到她眼角和眉角上扬，可以说是"眉飞色舞"，而身体也情不自禁地加大了晃动的幅度，手舞足蹈起来，这就是典型的胜败反应。

Lili 是胜败反应中的胜利反应，她那身体语言呈现的不仅仅是得意，甚至有点得意忘形。她没有很好地控制住自己的情绪，结果被娱乐记者抓住，大做文章，产生了一系列不良的影响，毕竟这种"不谦虚"的心理可能不太被一部分观众认可。

1. 胜败反应的情绪呈现

胜利反应表达的情绪主要有炫耀、得意和兴奋，其典型表现有高举着双手、跳跃、高声呼喊、摇头晃脑等；而失败的情绪主要有哀伤，主要表现是神情不振、萎靡。除此之外，还有一种变形形式。一个人对自己的满意度较高，长时间在潜意识里将自己摆在“胜利者”的位置上，就会常常保持抬头挺胸的姿态，看起来非常强势；反之，一个人假如被接连的失败引发了自卑感，在姿态上就会出现身体收缩、弓腰驼背的姿态，行动上显得畏畏缩缩。

2. 胜败反应的动作

胜败反应的动作十分有特点，也就是典型的“向上”和“向下”表现。胜利的时候，所有的抬手、跳跃等动作，都是耗费较大能量的，因为这是一种反重力的动作，需要使力，这也是胜利之后人的精神好像被“充了电”的表现；而失败反应则相应都是向下的，是顺着地心引力的趋向，可能是被对峙及其之后巨大的悲伤和绝望情绪用光了能量的结果，就好像是被霜打的茄子。

胜败反应是较容易理解的一种微反应类型，人们经常在照相时用食指和中指组合成一个“V”字形的手势；运动员在奥运会上夺冠之后，会大力弹跳起来，双手握拳。而那些战斗中的失败者就会在一瞬间好像失去了全身的能量，眼神萎顿，双手下垂；那些被抓住的罪犯，在被捕的时候，更是可能一下子支撑不住身体，全身就好像一摊泥一样萎倒在地，这就是胜败反应的典型表现。

跳蚤效应：人生的高度来自心灵的高度

人长期被禁锢在特定的框架内，同样会形成一种固定模式的习惯，深深植根于潜意识中，在心理上表现为不敢尝试。

在一次培训课上，一位心理学家绘声绘色地给学生讲述了这样一个故事：

一位教授曾经做过这样一个实验，在一个玻璃杯里放进一只跳蚤，跳蚤立即轻易地跳了出来。我们知道跳蚤跳的高度一般可达它身体的 400 倍左右，所以跳蚤称得上是动物界的跳高冠军。接下来他再次把这只跳蚤放进杯子里，并立即在杯子上加一个玻璃盖，跳蚤照样跳起但却重重地撞在玻璃盖上。一次次被撞，跳蚤变得聪明了，它开始根据盖子的高度来调整自己所跳的高度，直至在盖子下面可以自由跳动。

一天后，教授把盖子轻轻拿掉，跳蚤不知道盖子已经去掉了，它还是在原来的那个高度继续跳。从此，可怜的跳蚤再也没有跳出那个玻璃杯，最终死在了里面。

实验结束后，很多学生坦言说跳蚤实在是太愚蠢了，只是一个小小的玻璃盖，使得原本弹跳力很强的它困在了一个特定的弹跳高度，不能自由自在地生活，真是可悲。

心理学家告诉学生们：与其说是盖子挡住了它向上的路线，使得它无法突破这个固定的框框，不如说是这个盖子框住了跳蚤的思维和观念，使得它在特定的环境中，培养出了一种思维定式，这种定式深深地作用于它的心理，使得它告诉自己，那个盖子的高度，是无法超越的。

人和跳蚤存有某些共同点，如果人长期被禁锢在特定的环境内，同样会形成一种固定的思维模式，深深植根于潜意识里，在心理上表现为不敢尝试。人在受限制的特定环境中形成某种单一的思维方式，这种思维方式告诉你，就应该是这样的，不能超越，没有其他回旋的余地，于是，就形成了思维定式。最终使得人往往在简单的事情面前，也不能做出正确的判断。

因此，如果你审视自己之后，发现自己的观念缺少灵活的变通性，自己的心理缺乏不断尝试的勇气，那么，你就很有必要及时从“跳蚤效应”的魔咒里把自己解脱出来了。

鸟笼效应：不必庸人自扰，自找烦恼

1907 年，詹姆斯结束教学生涯，从哈佛大学退休，同时退休的还有他的好友物理学家卡尔森。

有一天，两人突发奇想，打了个赌。詹姆斯说："我一定会让你不久就养上一只鸟的。"卡尔森不以为然："我不信！因为我从来就没有想过要养一只鸟。"

没过几天，恰逢卡尔森生日，詹姆斯送上了礼物—— 一个精致的鸟笼。

卡尔森笑了："我只当它是一件漂亮的工艺品。你就别费劲了。"从此以后，客人来访，看见书桌旁那只空荡荡的鸟笼，他们几乎都会无一例外地问："教授，你养的鸟什么时候死了？"卡尔森只好一次次地向客人解释："我从来就没有养过鸟。"然而，这种回答每每换来的却是客人困惑而有些不信任的目光。无奈之下，卡尔森教授只好买了一只鸟，詹姆斯的"鸟笼效应"奏效了。

通过这个案例，我们看到"鸟笼效应"的一个很有意思的现象：如果一个人买了一个空的鸟笼放在自己家的客厅里，过不了多久，他一般会有两种选择，丢掉这个鸟笼或者买一只鸟回来养。

原因是：空空的鸟笼挂在客厅里，不仅显得别扭，而且也极不美观。即使主人不在意，每次来访的客人都会很惊讶地问他这个空鸟笼是怎么回事，任他百般解释也不相信。时间一长，他不愿意忍受每次都要进行解释的麻烦，就会丢掉鸟笼或者买只鸟回来相配。

心理学家对这一现象解释说，这是因为买一只鸟比解释为什么有一只空鸟笼要简便得多。即使没有人来问，或者不需要加以解释，长时间放置一个空空的鸟笼也会对人的心理造成一定的压力，时间一长，"鸟笼效应"也会使其主动去买来一只鸟与笼子相配套。

"鸟笼效应"是一种潜在的心理影响。佛经云：人最难摆脱的是无谓的烦恼。许多人不正是先在自己的心里挂上一只笼子或是张开一只袋囊，然后再不由自主地往里面填满一些东西吗？在心理学领域，"鸟笼效应"也被称为"空花瓶效应"。

如一个女孩子的男朋友送了她一束花，她很高兴，特意让妈妈从家里带来一只水晶花瓶，结果为了不让这个花瓶空着，她的男朋友必须隔几天就送花给她。

近几年，人们对住房的刚性需求加大，房子成了稀缺资源。一个人一旦买了房子就想去装修，于是麻烦就开始了，整体布局，房间的主色调，每件物品的搭配，家具的选择……每个选择都受前一因素的影响或制约。会为了藏书去做个书柜，做了书柜就要配一个凳子，配了凳子可能还需要配一个落地窗，这样看书才高雅，配了落地窗，又发现房子太小，必须把房间给打通……

"鸟笼效应"就这样发生在装修房子的过程中，如果把握不好自己的心理，不能保持一颗平常心，恐怕在这个过程中会产生诸多的烦恼。

霍桑效应：小心负面情绪的影响

20世纪20～30年代，美国研究人员从在霍桑工厂进行的有关工作条件、社会因素和生产效益关系的实验中发现了"实验者效应"，心理学家称为"霍桑效应"。

这项实验的第一阶段是从1924年11月开始的，主要测试工作条件和生产效益之间的关系，实验者把工厂人员分为实验组和控制组。对实验组增加或控制照明度，而控制组的照明度不变。结果发现，照明度对产量不会发生任何作用。另外，又实验了工资报酬、工间休息时间、每日工作长度和每周工作天数等因素对生产效益的影响，结果也看不出这些工作因素对生产效益有直接影响。

实验进行到第二阶段，他们请来了美国哈佛大学的教授梅奥，其着重研究社会因素与生产效率的关系，结果发现生产效率的提高主要是由于工厂人员在精神方面发生了巨大的变化。参加实验的工人被置于专门的实验室并由研究人员领导，其社会状况发生了变化，受到各方面的关注，从而形成了参与实验的感觉，觉得自己是公司中重要的一部分。工人在社会角度方面受到激励，促进产量上升。

分析这个效应，心理学家总结：当某个人受到公众的关注或注视时，学习和交往的效率就会大大增加。

“霍桑效应”在我们日常工作和生活中也有所表现，并被人们有意识或无意识地采用。例如，现在有些学校为了获得更好的升学率和教学成绩，就根据学生成绩分成不同等级的班，对成绩相对优良的那一部分学生给予特别的关注，使得那些在优等班的学生对学习更加有信心，更加发奋努力，学习成绩也越来越好。然而，这样做只注意了问题的一个方面，而忽视了另一个方面，即那些没有受到关注的学生不免会产生自卑感，缺乏自信心，学习劲头不足，甚至“破罐子破摔”。

从这一点来说，“霍桑效应”给我们的另一个启示是：人在一生中会产生数不清的意愿和情绪，但最终能实现、能满足的却为数不多。对那些未能实现的意愿和未能满足的情绪，切莫压制下去，而要千方百计地让它宣泄出来，这对人的身心和工作效率都非常有利。

通过上面的分析，我们看到“霍桑效应”的正面作用是，当某个人受到公众的关注或注视时，学习和交往的效率就会大大增加。换句话说，在别人的关注下，人们的行动更具驱动力和自主性。这一点在教学中经常体现，如一个学生学习成绩有所进步，老师把他夸奖为大家的榜样，并让大家关注他的学习方法和近况，那么，多数情况下，这个孩子的学习成绩会持续提高。

同时，我们也不可忽视“霍桑效应”的负面影响。在“霍桑效应”发生正面作用时，相应地也会出现负面影响。当某个人受到大家的关注，受到夸奖时，必然会受到别人的嫉妒，这些人就容易受到“霍桑效应”的负面影响，产生不良情绪。虽然它可以通过别的途径转移，却不会被直接消灭。

人们在压抑、克制阶段往往意识不到它的存在，但如果一直找不到宣泄的途径，那就会使人们在心理上形成强大的潜在压力。过分压抑会导致精神忧郁、孤独、苦闷，甚至窒息；一旦控制不住，会导致心理堤坝崩溃，使人表现出一些变态的行为，甚至导致精神失常。因此，心理学家告诫人们，当这种不良情绪发生作用时，要学会缓解和疏导。如偶尔幽默一下不失为一种很好的调解方法，有时能取得超乎寻常的效果，幽默可以帮助人们把压抑所产生的情绪，以合法的、文明的方式宣泄出去。

马太效应：给自己积极向上的引导

在心理学领域，“马太效应”被学者广泛关注。这一术语是由美国科学史研究者罗伯特·莫顿提出的。1968 年，通过研究，他发现了这样一种社会心理现象：相对于那些不知名的研究者，声名显赫的科学家通常会获得更高的声望，即使他们的成就是相似的，同样，在同一个项目上，声誉通常给予那些已经出名的研究者，例如，一个奖项几乎总是授予最资深的研究者，即使所有工作都是一群研究者完成的。随后，这一现象就作为“马太效应”，被越来越多的心理学家研究。

罗伯特·莫顿归纳“马太效应”为：任何个体、群体或地区，一旦在某一个方面（如金钱、名誉、地位等）获得成功和进步，就会产生一种积累优势，就会有更多的机会取得更大的成功和进步。

根据资料记载，“马太效应”的名字来自圣经《新约·马太福音》中的一则寓言。

《圣经》中“马太福音”的第二十五章有这么几句话：“凡有的，还要加给他叫他多余；没有的，连他所有的也要夺过来。”因此，莫顿用这句话概括了他研究的社会心理现象。

从表面上看，“马太效应”使贫者越贫，富者越富。概括来说，它是指好的越好，坏的越坏；多的越多，少的越少的一种现象。

心理学家分析说，“马太效应”揭示了一个不断成长的个人需求原理，关系到个人的成功和生活的幸福，因此它是个人成功的一个重要法则。

“马太效应”在社会中是广泛存在的，尤其是在经济领域内；强者恒强，弱者恒弱，也影响着社会的分层。

有这样一个“空手套白狼”的故事，是对“马太效应”在当今社会中的一个很好的诠释：

在美国一个村庄里，有这样一个老头，他决心让儿子成为一个不平凡的人。经过一番思考后，他找到了美国当时的首富石油大王洛克菲勒，对他说：“尊敬的洛克菲勒先生，我想给你的女儿找个对象。”

洛克菲勒说：“对不起，我没有时间考虑这件事情。”

老头说：“如果我给你女儿找的对象，也就是你未来的女婿是世界银行的副总裁，可以吗？”洛克菲勒同意了。

然后，老头又找到了世界银行总裁，对他说：“尊敬的总裁先生，你应该马上任命一个副总裁！”总裁先生说：“不可能，这里这么多副总裁，我为什么还要任命一个副总裁呢，还必须马上？”

这个人说：“如果你任命的这个副总裁是洛克菲勒的女婿呢？”世界银行总裁听后便爽快地答应了。

“马太效应”在我们的日常生活中经常有所体现。如在学校教育中，一个品学兼优的好学生，会由于考试成绩的优异受到学校领导的称赞，班主任对其更是经常表扬，同学们会羡慕他，回到家中他也备受宠爱。如果能善加引导，在“马太效应”的作用下，他的学习成绩在某一段时间内仍然会稳步攀升，同时也会获得更多的称赞。

但社会心理学家分析认为，“马太效应”是个既有消极作用又有积极作用的社会心理现象。

其积极作用是：“马太效应”所产生的“荣誉追加”和“荣誉终身”等现象，对那些落后的学生、平庸的员工，也就是那些无名者是巨大的吸引，会促使他们进一步全力奋斗，以此来推动自身的发展。

其消极作用是：一个学生如果没能正确看待自己取得的成绩，一个员工因自己受到了领导的重视和奖励就过分沾沾自喜，结果往往使会因为自己的不规矩言行而受到别人的嫉妒或排挤，也会因没有清醒的自我认识和没有理智态度而居功自傲，从而在人生的道路上跌跟头。

超限效应：掌握一定的做事分寸

你是否有过这样的体会：在课堂上，或者在听讲座时，如果你对某个问题还算感兴趣，教师宣布"针对这个问题，我们有3点要讲"的时候，你会认真听，甚至会试图记下这3点。然而，当教师宣布"针对这个问题，我们有10点要讲"的时候，你便顿时失去了听下去的兴趣！在工作中，同事今天麻烦你帮忙做一件事，你欣然接受，不觉得有什么。而后接二连三地要求你帮助他解决问题，你也许碍于面子，不会推脱。但如果他一天之内，他连续要求你做几件事情，你是否就会烦躁，甚至会翻脸呢？

之所以会出现这些现象，是因为"超限效应"的影响。心理学家解释：人接受任务、信息、刺激时，存在一个主观的容量，超过这个容量，人就不愿意认真对待这些任务了。

在心理学领域，大家广泛借用美国著名作家马克·吐温的一件逸事来解释超限效应：

有一次，马克·吐温在教堂听牧师演讲。最初，他觉得牧师讲得很好，使人感动，准备捐款。过了10分钟，牧师还没有讲完，他有些不耐烦了，决定只捐一些零钱。又过了10分钟，牧师还没有讲完，于是他决定，1分钱也不捐。当牧师终于结束了冗长的演讲，开始募捐时，马克·吐温由于气愤，不仅未捐钱，还从盘子里偷了2元钱。这种刺激过多、过强和作用时间过久而引起极不耐烦或反抗的心理现象，被称为"超限效应"。

在家庭教育中，一些家长错误的教育方法，正是“超限效应”的具体表现。父母都望子成龙、望女成凤，当孩子不用心而没考好时，父母会一次、两次、三次，甚至四次、五次重复对一件事作同样的批评，使孩子从内疚不安到不耐烦，最后感到讨厌，最终也就有了逆反心理。被“逼急”了，就会出现“我偏要这样”的反抗心理和行为。之所以会这样，是因为家长的批评超过了一个度，而没有适可而止。

“超限效应”给我们的启示是，做事时要把握好一个量和度，做过了头，刺激过多、过强或作用时间过久，往往会令对方心理极不耐烦，甚至产生逆反心理，这样会事与愿违，而中国传统的中庸哲学所讲的中正、中和可以有效地对抗超限效应的发生。

在生活中也存在这样的现象，比如看电视剧时，中间经常会穿插一些广告，对于广告设计人员来说，一个创意很好的广告，第一次被人看到的时候，令人赏心悦目；第二次被人看到的时候，会让人用心注意到他宣传的产品和服务。但如果这样好的广告要在短时间内大密度轰炸的话，就会令人产生厌恶感。所以，专业人士在做广告宣传时需要控住密度，可以从多角度刺激消费者的感官，但要适可而止。

鲶鱼效应：激发竞争意识，提升竞争能力

在挪威，很多人都酷爱食用沙丁鱼，那里的渔夫在海上捕到沙丁鱼后，如果能让它活着抵港，卖价就会比死鱼高好几倍。但是，由于沙丁鱼生性懒惰，不爱运动，返航的路途又很长，因此捕捞到的沙丁鱼回到码头时往往已死去大半，活着的也奄奄一息。

但奇怪的是，有一位渔民的沙丁鱼总是活的，而且很生猛，所以他赚的钱也比别人的多。该渔民严守成功秘密，直到他死后，人们打开他的鱼槽，才发

现鱼槽里只不过多了一条鲶鱼。

心理学家研究这种现象，总结出：鲶鱼是一种生性好动的鱼类，并没有什么十分特别的地方。然而自从有渔夫将它用作保证长途运输沙丁鱼成活的工具后，鲶鱼的作用便日益受到重视。沙丁鱼，生性喜欢安静，追求平稳。对面临的危险没有清醒的认识，只是一味地安逸于现有的日子。但一旦有鲶鱼这一异己分子侵入，沙丁鱼便会紧张起来，加速游动，如此一来，自然会延长生命，活着回到码头。渔夫聪明地运用鲶鱼好动的性格来保证沙丁鱼的游动，在这个过程中，他也获得了最大的利益。

“鲶鱼效应”在自然界普遍存在。科学家曾观察过大自然中的鹿群，他们发现，如果一个鹿群的活动区域里没有狼等天敌，它们就缺少危机感，不再奔跑，身体素质就会下降，这个鹿群的整体繁衍就会大受影响。

联系人类的生活和工作，我们发现，那些缺乏竞争的组织，其生命力远远不如在激烈竞争中磨炼出来的组织。因此，心理学家告诫我们，如果你的组织内部缺乏活力，效率低下，那么不妨引入一些“鲶鱼”来，让它搅浑平静的水面，让“沙丁鱼”们都动起来。

通过对“鲶鱼效应”的分析，我们知道竞争和生存危机对人的心理和个人发展有重要影响，只有在压力和挑战下，人才不会松懈，才不会在安逸中走向灭亡。也只有在压力和挑战下，人才能居安思危，不停地奋斗以立足于这个社会而不被淘汰。也只有这样，人们才能充满活力，整个人类社会才能生机勃勃。

一位心理系学生对于“鲶鱼效应”给出了这样的分析：渔夫采用鲶鱼来作为激励手段，促使沙丁鱼不断游动，以延长沙丁鱼的生命，以此来获得最大利益。对于“鲶鱼”来说，在于自我实现。鲶鱼型人才是企业管理所必需的。

鲶鱼型人才是出于获得生存空间的需要而出现的，而并非是一开始就有如此良好的动机。对于鲶鱼型人才来说，自我实现始终是最根本的。对于“沙丁鱼”来说，缺乏忧患意识令它们奄奄一息。沙丁鱼型员工的忧患意识太少，一味地追求稳定，但现实的生存状况不允许沙丁鱼有片刻的安宁。“沙丁鱼”如果不想窒息而亡，就必须活跃起来，积极寻找新的出路。

亲和效应：成为他人的“自己人”

在人际交往和认知过程中，往往存在一种倾向，即对于自己较为亲近的对象，会更加乐于接近。

人都喜欢待在熟悉的环境里，和熟悉的、和善的朋友交流。这不仅让我们觉得没有危险，而且这种氛围更具感染力。很多时候，我们经常说起某个人天生有人缘，即使在一个陌生的环境，只要一开口，马上就会调动起周围人的情绪，受到大家的喜爱。而有的人，即使心怀善意、满脸堆笑，但也很难快速融入一个新的环境中，顺利地和其中的人交流。心理学家认为，人缘好的人，他们在有意或无意中利用了心理学上的“亲和效应”，其中关键点是：挖掘共同点，成为自己人。

在交际应酬中，人们往往会因为彼此间存在某种共同之处或近似之处，从而感到相互之间更加容易接近。而这种相互接近，通常又会使交往双方萌生亲切感，并且更加相互接近，相互体谅。交往对象由接近而亲密、由亲密而进一步接近的这种相互作用，就是所谓的“亲和效应”。

心理学上通常用“自己人”来形容这种亲和关系。在现实生活里，人们往往更喜欢把那些与自己志向相投、利益一致，或者同属于某一团体、组织的人，视为“自己人”。因为是“自己人”，所以会感到相互之间更加容易接近。

在心理定式作用下，“自己人”之间的相互交往与认知必然在其深度、广度、动机、效果上，都会超过“非自己人”之间的交往与认知。建立这种“自己人”关系的首要一点，就是找出自己与周围人的共同之处，它可以是血缘、姻缘、地缘、学缘、业缘关系，可以是志向、兴趣、爱好、利益关系，也可以是彼此共处于同一团体或同一组织。

俗话说，自己人好办事。这充分说明了建立亲和关系的积极作用。在我们与他人的交往过程中，可以多谈谈“咱们自己”的事儿，自然就会形成一个个亲密关系联盟。至于不是“自己人”的，最好也要尽量往“自己人”的方向靠。人类本来就是一个大家庭，若有心寻找共同点，总会有所发现的。

美国作家赛珍珠在第二次世界大战期间，曾发表过对中国人民的广播演讲，这篇演讲深深地打动了中国人的心。在演讲中她是这么说的：“我今天说话不完全站在一个美国人的立场上，因为我也是一个中国人。我一生的大半时间都在中国度过。我出生 3 个月，就被父母带到了中国。我开口说话的时候，也是先说的中国话。我小时候跟着父母，并没有住过什么通商大埠。数十年间，我们到过浙江、江苏、江西、湖南、安徽、山东各省的小城市、小村庄，清浦、镇江、丹阳、岳州、蚌埠、徐州、南州……这些地方，是我最熟识的。”

“可是我最爱的，是中国的农田乡村。我长大后，又在南京住了 17 年。我曾亲眼看见南京在几年之内，由一个古旧的城市变成一个新型的都市。但是无论我住在什么地方，我与中国人相处，都亲如同胞。因为小的时候，我的游伴是中国孩子；成人以后，来往的又是中国的朋友们。现在我人虽已归故国，心中却没有忘掉旧日的朋友。所以今天我要以这两种身份说话。我既在中国长大成人，又在美国住了多年，受了双方的教育，有了双方的经验，我觉得我是属于两个国家的。”

赛珍珠一再提及中国人熟悉的地名，强调自己与中国人关系密切，对于听众而言，这些熟悉的地方风土人情和自己的种种经历立刻历历在目，而一个陌生的外国演讲者此时似乎也成了曾经同行的旅伴，国籍的界限模糊了，一种亲切感油然而生。

如果是面对面的交谈，还有一种“自曝隐私”的小技巧，对增强我们的亲和力也很有效果。

一般而言，在交谈中，人往往担心自己真实情感的暴露，并试图隐瞒自己的隐私，以防对方对自己产生不好的感觉。但现在为什么反行其道呢？原来这种说话技巧的奥妙在于它克服了人们认生的心理。初次见面，一个高明的谈话者会满不在乎地闲聊这样的话："我儿子上课老搞小动作，对那孩子我可真是操了不少的心呀！"或者"昨天我家先生不小心把烟头掉在了自己的外衣上，结果烧了一个大窟窿。"……听者怎么也想不到对自己很陌生的人会说这么多的贴心话，对自己这么亲近，于是很感动，在不知不觉中便安下心来融洽地闲聊了。

自曝隐私的做法可以让人迅速放下戒备心理，引导对方也敞开心扉，轻而易举地与他人构建起亲密的关系。能够表现自己亲和力的人，很容易在社交中获得别人的好感，结识更多的朋友。

在现实生活中，人们往往更喜欢把那些与自己志向相同、利益一致，或者同属于某一团体、组织的人，视为"自己人"。在其他条件大体相同的情况下，所谓"自己人"之间的交往效果往往会更为明显，其相互之间的影响通常也会更大。

在人际交往和认知过程中，往往存在一种倾向，即对于自己较为亲近的对象，会更加乐于接近。

"物以类聚，人以群分"，每个人的社交圈，实际上都是以自己为原点，以年龄、爱好、经历、知识层次等共同点为半径构成的无数同心圆。

共同点越多，圆与圆之间重叠的面积越大，共同的语言也越多，也越容易引起对方的共鸣。因此，在与他人交流时，一定要留意共同点，并不断把共同点扩大化，对方谈起来才会兴致勃勃，谈话才会深入持久。

罗森塔尔效应：给予肯定的鼓励

哈佛大学的罗森塔尔博士在心理学领域小有名气，1960 年，他曾在加州一所学校做过一个著名的实验。

这一年新学期刚开始，校长对两位教师说："根据过去三四年来的教学表现，我认为你们是本校最好的教师。为了奖励你们，今年学校特地挑选了一些极为聪明的学生给你们教。记住，这些学生的智商比同龄的孩子都要高。”校长再三叮咛：“要像平常一样教他们，不要让孩子或家长知道他们是被特意挑选出来的。”

这两位教师非常高兴，于是更加努力地教学。

我们来看一下结果：一年之后，这两个班级的学生成绩是全校最优秀的，甚至比其他班学生的分数高出好几倍。

知道结果后，校长不好意思地告诉这两位教师真相：你们所教的这些学生智商并不比别的学生高。这两位教师哪里会料到事情是这样的，只得庆幸是自己教得好。

随后，校长又告诉他们另一个真相：你们两个也不是本校最好的教师，而是在教师中随机选出来的。

在这个实验中，校长撒了谎，名单上的学生实际上并非是最有发展前途的，只因他是权威，他的话也有权威性，以致所有人都相信。这个谎言首先对老师产生了暗示，老师又将自己心理活动通过语言和行为传递给学生，使学生变得自尊、自爱、自信、自强。给予别人肯定是一种心理的“强化剂”，让人有奋发向上的动力。

罗森塔尔的实验提醒我们：自尊心和自信心是人的精神支柱，而被别人肯定会激发人产生自尊心和自信心，爆发出强大的力量。这就是罗森塔尔效应。一位心理学系学生在阐述罗森塔尔效应时，引用了这样一个小故事：

卡耐基在很小的时候，母亲就去世了。在他9岁的时候，父亲又娶了一个女人。继母刚进家门的那天，父亲指着卡耐基向她介绍说：“以后你可千万要提防他，他可是全镇公认的最坏的孩子，说不定哪天你就会被这个倒霉蛋害得头疼不已。”

卡耐基也打算不接受这个继母，在他心中，一直觉得继母这个名词会给他带来霉运。但继母的举动却出乎卡耐基的意料，她微笑着走到卡耐基面前，摸着卡耐基的头，然后笑着责怪丈夫：“你怎么能这么说呢？你看，他怎么会是全镇最坏的男孩呢？他应该是全镇最聪明、最快乐的孩子才对。”

继母的话深深地打动了卡耐基，从来没有人对他说过这种话，即使母亲在世时也没有。就凭着继母这一句话，他和继母开始建立友谊。也就是这一句话，成为激励他的一种动力，使他日后成为一位成功学大师。

著名的心理学家杰丝·雷尔评论说：“称赞对温暖人类的灵魂而言，就像阳光一样，没有它，我们就无法成长开花。但是大多数人，只是善于躲避别人的冷言冷语，吝于把赞许的温暖阳光给予别人。”

有人调侃地把罗森塔尔效应总结为：“说你行，你就行，不行也行；说你不行，你就不行，行也不行。”换句话说，别人的肯定、夸赞是人心理的催化剂，不仅能增强他做事的信心，而且可以调动最大的积极性和展现最多的智慧来处理事情，以求获得最美满的结果。

罗森塔尔效应同样给当前的教育以很大的启示。家长和老师给予的肯定和鼓励，带来的积极的心理暗示是孩子梦想成真的基石。在孩子和学生的眼中，父母和老师通常是最具权威的人，他们的鼓励和期许是最有分量的。

爱因斯坦是20世纪最伟大的科学家，但他3岁才会说话，在校成绩较差，有的老师说他“笨头笨脑”，10岁时因学业不好而被开除。对于这样一个孩子，他的父母给予了多少肯定的鼓励才使他有如此辉煌的成就。由此可见，当孩子感受到父母的期望时，就会萌发或增强好学的愿望、向上的志向、勤奋的动力。父母要告诉孩子，他们是世界上最聪明的人，并将良好的积极的期望随时传递给孩子，让孩子增强自信心，对自己的前途充满希望。

安慰剂效应：只要相信，就会灵验

“安慰剂效应”于1955年由毕阙博士提出，也称作“受试者期望效应”。

在医学领域，“安慰剂效应”是指在不让病人知情的情况下服用完全没有药效的假药，但却可以得到和真药一样甚至更好的疗效。这种似是而非的现象在医学和心理学研究中都并不罕见。由此，不少医生在对病人进行治疗时，往往将这种“安慰剂效应”考虑进去。

约翰·杜斯是美国一位著名的牙医，也是“安慰剂效应”的研究者。在其 27 年行医生涯中，常常遇到这种情况：一些牙痛患者在来到杜斯的诊所后便说：“我一进这里就感觉轻松多了。”其实他们并未说假话，可能他们觉得马上会有人来处理他们的牙病了，从而情绪便放松了下来；也可能像参加了宗教仪式一样，当他们接触到医生的手时，病痛便得以缓解了……总之，这都是“安慰剂效应”产生的心理暗示的作用。

一位心理学家在讲座中叙述了这样一个故事：一队战士在阿尔卑斯山的风雪中迷路了，却凭借一张地图冷静下来，扎营熬过了风雪，确定了自己的方位，两天后回到营地。当他们讲述着这张非凡的地图时，他们的领导却发现，这是一张比利牛斯山的地图。

一张与地形无关的地图能帮助人们渡过困境，是比较典型的“安慰剂效应”。也就是说，战士以为自己有所依靠，便不会丧失求生的勇气。就像吃下完全没有疗效的安慰剂一样，有时候却能使人像真的吃了有疗效的药一样好转起来。“安慰剂效应”的产生前提是：相信则灵。

安慰剂是一个启动力，它使人们感觉有帮助，在这个感觉下，便能调动自己的头脑积极思考，随后产生主观努力行为。

在现实生活中，“安慰剂效应”也经常出现。例如，一群久居城市、从来没有到过乡村的城里人到野外郊游，到达山腰时，他们为眼前清澈的泉水、碧绿的草地和迷人的风景所深深吸引。休息时，其中一个人很高兴地接过同伴递过来的水壶喝了一口水，情不自禁地感叹：山里的水真甜，城里的水跟这儿真是没法比。水壶的主人听罢笑了起来，他说，壶里的水是城市里最普通的水，是出发前从家里的自来水管接的。

通过这一现象，心理学家分析说，人们在认识现实、理解事物时，总会很明显地掺杂很多个人因素，包括我们的期望、经验和信念等，这也是“安慰剂效应”产生作用的一个原因。

有人这样解释“安慰剂效应”：采用药物治疗疾病时，在病人毫不知情的情况下，医师开给病人的药剂，虽名为治疗他的疾病，实则只是毫无生理作用的代用品，但病人服用后却仍然能发生治疗上的效果。无疑，这是积极的心理暗示在起着潜移默化的作用。安慰剂之所以产生疗效，主要是由于病人相信治疗者的权威和药物所产生的积极作用，由此激发身体机能，首先在精神状态上发生较大的改变。

“安慰剂效应”是心理暗示作用的一个表现。很多疑难杂症或不治之症，因为有“安慰剂效应”所带来的积极作用，病人增强了战胜病魔的决心，改善了精神状态，延长了寿命，甚至有个别人奇迹般地获得了康复。

光环效应：爱屋及乌的心理

一天，一位心理学老师在课堂上向学生们解释光环效应。

“光环效应”是指：一个人的某种品质，或一个物品的某种特性给人以非常好的印象。在这种印象的影响下，人们对这个人的其他品质，或这个物品的其他特性也会给予较好的评价。

学生们听完后仍是一头雾水，似懂非懂。老师看此情形，接着举了一个真实的例子：

飞鸽自行车的名声在中国不亚于哪位顶级巨星，这个来自中国天津的自行车品牌如今早已扬名海外，但十几年前，飞鸽牌自行车只在国内极受消费者欢迎，在国外却藉藉无名。天津自行车厂早就策划要把自己的自行车推向世界，赚外国人的钱。

1989年2月，机会终于来了，正为开拓海外市场犯愁的自行车厂领导得到了一个消息：新当选的美国总统布什即将访华。领导们眼睛一亮，认为办法有了。原来，布什夫妇是一对自行车迷，酷爱自行车运动。他们想从这一点找到打开海外市场的突破口。

天津自行车厂把自己的想法告诉了新华社，愿意把飞鸽牌自行车作为礼品，送给布什夫妇。新华社认为这是个好主意，于是将这个想法又上报给了国务院。国务院对这件事十分重视，最后答应以刚投产的飞鸽QF83型男车和QF84型女车作为送给布什夫妇的礼品。

当李鹏总理将这两辆自行车作为礼物送给布什夫妇时，他们显然十分高兴，并当场表示明天就会骑一骑。这个场面被全世界上百家新闻单位进行了报道。通过新闻的传播，飞鸽牌自行车开始名扬全世界。天津自行车厂抓紧时机，加快了向美国出口自行车的步伐。不久，造型新颖、性能可靠的飞鸽牌自行车就源源不断地飞到了美国。借助布什夫妇的名气，飞鸽牌自行车终于打开了海外市场。

心理学家把“光环效应”也称作“晕轮效应”，它会影响人际知觉，从而作用于人的心理，影响人的情感。这种爱屋及乌的强烈知觉，就像月晕的光环一样，向周围弥漫、扩散，所以人们就形象地称这一心理效应为“光环效应”。

从上文的故事中我们了解到，名人效应是一种典型的“光环效应”。名人本身不能为企业创造什么价值，但是其在公众中的无形影响力却是企业求之不得的。因此，许多商家都借用名人的“光环效应”来增强产品的影响力，拉近与消费者的距离，往往会取得很好的效果。

还比如这样一种现象，一个作家没出名之前，他的作品读者知之甚少，一旦出名，不仅著作大卖，以前压在箱子底的稿件全然不愁发表，所有著作都不愁销售，这都是“光环效应” 的表现。

破窗理论：要有防微杜渐的意识

美国斯坦福大学心理学家詹巴斗突发奇想，曾进行了一项很有启发性的实验。

他找了两辆外观一模一样的汽车，把其中一辆摆在一个中产阶级社区，而另一辆摆在相对杂乱的一个社区。他把后一辆车的车牌摘掉，并且把顶打开。结果不到一天，这辆车就被人偷走了。而前一辆车摆了一个星期也安然无事。后来，詹巴斗用锤子把那辆车的玻璃砸了个大洞。结果仅仅几个小时后车就不见了。

后来，美国政治学家威尔逊和犯罪学家凯琳受到这个实验的启示，提出了一个现在我们所说的“破窗理论”：如果有人打破了一个建筑物的窗户玻璃，而这扇窗户又得不到及时维修，别人就可能受到某些暗示性的纵容去打烂更多的窗户玻璃。久而久之，这些破窗户就给人造成一种无序的感觉。

结果在这种公众麻木不仁的氛围中，犯罪心理就会滋生更快。

“破窗理论”是人心理的一种潜在的效应。每个人在心里都有一个准则，也有一个大家公认的行为准则。如果这个公认的行为准则遭到破坏，却没有得到相应的反应，那么个人行为的堤坝也会出现漏洞，久而久之，就会走入溃堤的境地。

“破窗理论”在管理中体现得较为直接。一位管理学家讲过这样一个故事。

现今企业之间激烈的竞争不仅要求产品质量一流，而且需要不断提升核心竞争力，制度化建设成为一种卓有成效的措施。但是，现实的情况往往是制度多，有效地执行少。长此以往，企业的发展会很尴尬。对公司员工中发生的小奸小恶行为，管理者要引起充分的重视，适当的时候要小题大做，这样才能防止有人效仿，积重难返。

有一家规模不大的公司，在发展了几十年后，逐渐走入困境。究其原因，主要是公司的老板没有管理理念，很少炒员工鱿鱼。

这一天，资深车工王凯在切割台上工作了一会儿，就把切割刀前的防护挡板卸下来放在了一旁。没有防护挡板，虽然埋下了安全隐患，但收取加工零件会更方便、快捷一些，这样王凯就可以赶在中午休息之前完成 2/3 的工作。

当上午的工作快结束时，车间巡视的主管看到了王凯的做法，他雷霆大怒，令王凯立即将防护板装上后，又站在那里大声训斥了他半天，并声称要作废王凯一整天的工作。

糟糕的事情还在后面，第二天刚上班，王凯就被通知去见老板。老板说："身为老员工，你应该比任何人都明白安全对于公司意味着什么。你今天少完成了零件，少实现了利润，公司可以换个人换个时间把它们补起来，可你一旦发生事故、失去健康乃至生命，那是公司永远都补偿不了的……"王凯被炒鱿鱼。

离开公司那天，王凯流泪了，工作了几年时间，有过风光，也有过不尽如人意的地方，但公司从没有人对他说不行。可这一次不同，王凯知道，这次碰到的是公司灵魂的东西。

"千里之堤，溃于蚁穴"，这是前人留下来的古训。王凯之所以被炒鱿鱼，是因为公司的老板明白了那些看起来是个别的、轻微的，但触犯了公司核心价值的"小的过错"，有必要进行严格管理。不及时修好第一扇被打碎玻璃的窗户，就可能会带来无法弥补的损失。

从心理学的角度分析，"破窗理论"的本质是主张建立一种防范和修复"破窗"的机制，亡羊补牢，并严厉惩治"破窗"者。只有这样，才能防微杜渐，维持秩序和遵守集体行为准则。

心理学家分析，"破窗理论"的直接受益者是公共，是集体，而不是管理者或哪个人。在 18 世纪的纽约，脏乱差现象严重。1994 年，新任警察局长布拉顿从地铁的车厢开始治理。

车厢干净了，站台跟着也变干净了；站台干净了，阶梯也随之整洁了。随后街道也干净了，然后旁边的街道也干净了，后来整个社区干净了，最后整个纽约变了样，变整洁漂亮了。也就是说，在公共场合，如果每个人都举止优雅、谈吐文明、遵守公德，往往能够营造出文明而富有教养的氛围。

千万不要因为我们个人的粗鲁、野蛮和低俗行为而形成“破窗效应”，进而给公共场所带来无序和失去规范的感觉，更不要让自己的心理受到这种效应的影响，做出一些有违自己行为准则的事情来。

习得性无助：别让自己逐渐成为一个失败者

1967 年，有两个心理学家做了一个实验。实验对象是一只饥饿的小狗，实验地点是安装有两块木板的实验室。

第一天，实验人员将木板设置成按 A 板可得到肉丸子，按 B 板会被电击。小狗很偶然地按动了 A 板，结果得到了一个肉丸子；又很偶然地按动了 B 板，结果被电击了一下。多次尝试之后，小狗终于知道了只有按 A 板才可以得到吃的。

第二天，A 和 B 两块板的功能调换了。小狗刚开始当然是不断地按 A 板，可是每次都被电击，于是它尝试按一下 B 板，居然得到了肉丸子。多次尝试之后，它终于懂得了只有按 B 板才可以得到吃的。

第三天的情况又发生了变化，无论按 A 板还是 B 板，都会被电击，不再有肉丸子。小狗在很努力地尝试了若干次后，终于学“乖”了，趴在地上不肯按任何一块木板。

第四天，两块木板的功能又被调整过了——随便按哪一块板都能得到吃的。但当饥饿的小狗再次进入实验室后，实验者等了又等，学“乖”了的小狗却不再做任何尝试了，甚至把肉丸子放到它的脚边，它都懒得去碰。

心理学家将这个实验的结果称为“习得性无助效应”。这个效应最早由奥弗米尔和西里格曼发现，后来在动物和人类研究中被广泛探讨。“无助”指的是小狗什么都不愿意尝试的状态，但这种无助不是天生的，而是后天习得的。

实验告诉我们这样一个道理：如果你像第三天那样，对小狗所做的任何尝试均报以电击，而没有任何肉丸子的话，小狗就不知道什么才是被鼓励的行为，因而变得无所适从，并从根本上失去自信。

“习得性无助感”在一些精神匮乏、意志不坚定的人身上经常体现。而且，这种“习得性无助感”具有迁移性，它对人的心理产生一种深层次的影响。

在一个情境中形成的“习得性无助感”会潜藏在意识中，一旦在另一种境遇中遇到挫折和打击，这种“习得性无助”的状态就会再次冒出来。例如，在学校里，那些长期处于后几名的学生，在多次遭受失败和挫折后很容易厌学，他们觉得自己怎么努力，结果都是一样，并因此产生“习得性无助感”，从而把这种“习得性无助感”迁移到其他的学习活动中。又如一个学生的化学成绩糟糕，他可能会把对化学学习的无助感迁移到数学上，从而对学习数学具有畏惧感，信心降低，导致数学成绩下降，进而产生厌学情绪。最终，这种“习得性无助”的感觉会扩散到生活的各个领域中，一个失败者的雏形开始显现。

克服“习得性无助”的状态成为心理学家研究的一个重要课题。对于处于习得性无助状态的学生来说，最好让学生在学习、做题过程中逐步建立起对学习的信心。比如选择一些比较容易的题目，鼓励他们去尝试。当他们做出题目以后就会有一种成就感，就会增加学习的信心和兴趣。

心理学家提出了一种心理训练方法——“形象控制训练法”来对抗 “习得性无助”状态。例如，那些处于“习得性无助”状态的人已经在头脑里建立了自己无能为力消极的自我形象，要想改变这种状态，就要帮助他们在头脑中建立积极的自我形象来代替消极的自我形象。可采用以下几种做法：

(1)尝试坐到舒服的椅子或者沙发上，闭上眼睛，放松心情，做几次深呼吸。

(2) 在身体和心理放松之后，逐渐回忆自己以前的一次成功经历。

(3) 引导他们想象自己学好某一学科后的美好情景，比如自己快速解出数学难题的成功情景，自己被领导夸奖后的喜悦感等。

(4) 反复做这样的良好自我形象的想象练习，想象得越逼真越好。

（5）当心理状态调整好之后，再让他在这种良好的自我形象下自己选择做一些较容易的事情，然后逐步增加事情的难度，进一步增加他的信心。

在心理学领域，“习得性无助感”属于一种动机障碍。所谓“习得性无助感”，指的是当有机体接连不断地受到挫折后，所产生的一种无能为力、听天由命的心态。

心理学家总结说，一个人经历了挫折和失败后，面对问题时产生的无能为力的心理状态和行为就是“习得性无助效应”。

人如果产生了“习得性无助”，就陷入一种深深的绝望和悲哀中。因此，我们在学习和生活中应把自己的眼光放得再开阔一点，看到事件背后的真正决定因素，不要使自己陷入绝望。同时更要积极引导自己的心理，培养成就感，塑造自己成功者的形象。

拉图尔定律：起名是一种复杂的心理活动

所谓拉图尔定律是指，一个好品名可能无助于劣质产品的销售，但一个坏品名则会使好产品滞销，即：取名的艺术，亦是取得成功的艺术。

一位心理学家就苏珊·拉图尔提出的“一个好品名可能无助于劣质产品的销售，但是一个坏品名则会使好产品滞销”这句话给学生进行了深入讲析。

不管是人或者物，名字只是一个代号，但起名却是一种复杂的心理活动。英国著名的戏剧家莎士比亚曾经说过，玫瑰不管取什么名字都是香的。

实际上并不尽然。中国有句古话，“人靠衣妆马靠鞍”。一个好的品名，对创造一个名牌来说，绝不是无足轻重的。

英国的 whisky（威士忌）和法国的 brandy（白兰地）都是我们较为熟悉的世界名酒，但据一项调查统计，它们在香港市场的命运迥然不同，白兰地的年销售量高达 350 万瓶，比威士忌高出近 20 倍。为什么同为名酒，销售量却相差悬殊呢？

心理学家分析后说，问题出在中文译名上。“威士忌”的名字使人理解为连“威风的绅士都忌”，何况吾等几人，于是避之唯恐不及；而“白兰地”一名使人立即产生一种美好的联想，白兰盛开之地，极其富有诗情画意。

面对一个名字，一般人很少去深思熟虑，只凭第一感觉去接触，甚至有些人还会望文生义。

中国品牌“娃哈哈”的成功，多少也沾了自己名字的光。在娃哈哈集团的品牌中，“娃哈哈”“非常”都很有创意。在品牌名称上，似乎就已先胜一筹。“娃哈哈”名称启迪于那首知名儿歌：“我们的祖国像花园，花园里花朵真鲜艳……娃哈哈，娃哈哈，每个人脸上笑开颜。”“娃哈哈”这一名称容易传播，大众化，极具亲和力。大众、亲和、健康、欢乐是其内涵。

为了进军成人市场，娃哈哈集团又推出了“非常”可乐这一主打产品。

“非常”这个名称响亮、大气、时尚、优越、欢乐。推出可乐时，也有人主张延伸“娃哈哈”，但最终还是选择了另创品牌之路。“非常”品牌的推出，弥补了“娃哈哈”概念上的不足，增添了“时尚”“优越感”要素，也拓宽了集团品牌的定义域，更为重要的是，要挑战可口可乐，用“娃哈哈”品牌不足以显示其气势和差异，就中文名称而言，“非常”显然不逊于“可口”和“百事”。

一个好名字能够成就一个品牌，其对于个人来说，特别是有深厚文化背景的中国人，也有着非同寻常的意义。

众所周知，中国人对名字预示的吉凶有很强的心理反应。在一篇快讯上曾登载过题目为“为讨吉利，港督改名”的文章。

港督与伦敦方面同时宣布，香港第27任总督魏德巍爵士改名卫奕信。

他会在4月9日下午抵港，陪同他赴港者包括其夫人及18岁的儿子。在情人节即满52岁的新港督，根据普通话读音，总督英文名字的译音为“魏德巍”，被不少港人批评译错名：“魏”与“巍”双鬼出格，“巍”谐音危，象征不吉利等，新港督于是根据港府提供的意见，决定采纳改名之建议，而港府发言人解释采用上述新名字主要是粤语发音与他的英文名字更为接近。卫奕信这个名字代表了信任与保卫，而“奕”又是精神奕奕的意思。

人名同商品名一样，都会影响形象的建立。在人的心理作用下，起名时人的联想能力加强，一些容易造成不雅谐音的名字，最好有意回避。如李功绩（李公鸡）、韩渊（喊冤）、范婉（饭碗）、谢立婷（药名：泻痢停）、邓佳贝（更加笨）、吕永书（你永输）、沈晶炳（神经病）、陶华韵（桃花运）、杨伟（阳痿）等。

在起名时，还应顾及世俗崇拜心理、排行名心理、数字心理、绰号心理、审美心理，力求使名字能表示期盼、祝愿、要求、思乡等情感、兴趣、爱好。

第三部分 实战微心理

第 9 章　撒谎微心理：撒谎时的微动作

人们在撒谎时一般会做什么

心理学家认为，说谎是人的天性，不过是后天出现的。有时说谎并非是恶意，也有善意的，也有不得已而为之的情况。几乎所有撒谎的人都会思考怎么样让自己的谎言不被揭穿，他人怎样才会相信自己的谎言。不过，一旦谎言被揭穿露馅了，那说谎者就会感到自卑，没有脸面，同时对周围的环境感到恐惧和焦虑。

那些喜欢撒谎的人，他们的心里到底是怎样想的呢？

1. 撒谎者的身体微反应

心理学家认为，当人的大脑受到外界的各种诱惑时，就会短暂地出现偏离轨道的行为，且控制着诚实的身体去做一些违背自己意愿的行为。这些行为就是撒谎导致的，所以可以说，撒谎者的身体微反应可以直接体现出撒谎者的心理：生理、心理反应是不由自主的，很自然地会通过其体态语言暴露出来，比如，小偷拿了别人的钱财肯定会通过慌张、急速逃离各种行为掩饰自己的偷窃行为。

2. 撒谎只是为了保护自己的利益

这个社会比较现实，为了生存，为了自己的某些个人利益，有些人走了弯路，这时只有利用撒谎来躲避这个社会的各种压力以及束缚。简而言之，撒谎就是为了逃避社会现实。

现代人的心理越来越复杂，比如，他们在就业、学业、家庭中会遇到各种各样的事情，为了暂时地脱离这种影子，人们需要用幻想来暂时地安慰自己，这就是逃避现实。这样的心态会在撒谎时不断地暗示自己幻想中的那些美好记忆，不断地暗示自己一定要坚信自己所说的话，最后形成撒谎的癖好。

3. 撒谎源于一种心理障碍

在生活中，有一些具有精神分裂的人，比如精神错乱、患听、患视等，他们所说的语言、表达的行为是比较恣意妄为的，这与那些正常的撒谎者是不一样的。这样的人心里实际上没有什么杂念，喜欢想到什么就说什么，夸夸其谈，总喜欢吹嘘自己，而他们在大脑潜意识里根本没有撒谎的概念。他们撒谎，只是一种精神疾病，是一种心理障碍。这样的人心是虚的，人表现的却是镇定自若，十分坦然。

心理学家认为，一个人在说谎的时候除了会做出各种各样的小动作加以掩饰之外，还有一种情况是我们不曾料到的，那就是大部分撒谎者都会是一副正襟危坐、大义凛然的模样。实际上，这是不难解释的，这表示撒谎者比平时更加注意思考，想寻找一个圆谎的万全之计。而在平时的生活中，当一个人在思考的时候，往往会尽可能减少肢体活动，集中精力地思考问题。

心理学家认为，假如我们需要知道对方是否在撒谎，那就不露声色地旁观。所谓“旁观者清”，就是说我们需要站在旁观者的立场上，平心静气，比较客观、准确、多角度、全方位地观察。因为一个善于撒谎的人只有在没有戒备心理，不以取悦的心态进行乔装打扮时，所展现出来的才是较为真实的自己。

当然，旁观法还需要面对面地直视，这样才能做到正面接触，通过直接“交锋”来了解对方。假如观察对方只停留在表象上，一些本质的东西往往就难以准确把握。

笑得越复杂，越容易发现真相

在人的所有表情中，最常见的一种表情应该是“笑容”。在人际交往中，人们对于微笑是最没有抵抗力的。但是，谁能知晓，在笑容的背后或许是另外一张脸呢？笑容也分为很多种，通过仔细观察，就会发现人们的笑容有微笑、轻笑、大笑、羞涩的笑等：微笑是指不露出牙齿的笑容，这是一种会心的笑法，有默契的暗示或者表示出事不关己的态度。通常情况下，微笑都是一个比较善意的表情；轻笑的时候露出了上牙，嘴唇稍微咧开，这样的笑容一般出现在招呼新朋友的时候，作为打招呼的一种；大笑通常是人们非常开心的时候所展示的，上下门牙全都露出来，并且发出爽朗的笑声；人们在显得不好意思的时候，就会轻抿小嘴，露出一个羞涩的笑容……当然，这些笑容都是不具备杀伤力的，在这里，我们所需要讨论的是另外一些隐藏着秘密的笑容。

不知道你听说过没有，笑容也分真假。笑容产生时可以拉动嘴角向上的面颊肌肉。笑容出现的时候，面颊会朝上扬，眼睛下的皮肤会垂下，眼角会出现鱼尾纹，眉毛会下降。这才是最真实的笑容，如果不出现这样的面部表情，那只能证明笑容是虚假的。而且，真实的笑容所持续的时间只有 2 ~ 4 秒。那些虚假的笑容，都不是发自内心的微笑，在它们的背后都隐藏着不可告人的秘密。有的人是笑里藏刀，有的人是在撒谎，有的人是企图以虚假的笑容掩盖真实的内心。

下面，心理学家就来揭开人们那些笑容的假面具，分析其真实的心理动机。

1. 笑里藏刀

心理学家告诉朋友们，千万不要以为那些笑里藏刀的人，就是“整天低着头”“不敢去正视别人的眼睛”“目光畏缩隐藏”的人。其实，现在很多笑里藏刀的人都已经脸皮厚到不会轻易心虚了。

但他们还是有一些特征的，主要表现在面部表情上面。比如，笑起来的时候，显得不够放松，举止轻浮，言语中有一些不检点的成分；眼光虽然看似真诚，目光却四处游离，没有办法长期定位；他们唯恐自己的话语中有漏洞，怕一不小心说错话，因此他们所说的话都是经过大脑认真思考的。

2. 皮笑肉不笑

有的人的笑容显得很假，皮笑肉不笑，他们的笑容并不是发自内心的，而是做出来的。这样的笑容一般出现在一些老谋深算的人士脸上，他们大多比较有心机，做事也显得很沉稳。

3. 憎恨时的笑容

有时候，人们在愤怒或憎恨的时候同样会微笑。那是因为他不想把内心的欲望或想法暴露出来，就强力克制住自己愤怒的情绪，勉强露出一个微笑。在与人相处的时候，如果轻易地流露出愤怒、憎恨、悲哀以及恐怖等神情，很容易招来很多麻烦，影响人际交往。所以，很多人都是通过微笑来压抑负面的感情，而表现出来喜悦和愉快的神情。

4. 说谎的笑容

心理学家认为，说谎者常常带着虚伪的面具，因此他们的笑容也是虚假的，他们会利用自己伪善的笑容来掩饰自己的谎言。美国匹兹堡大学的心理学教授杰夫里·考恩认为，“我们可以说出每块肌肉动了多少次，它们停留多长时间才变化的，对方的表现是真实还是伪装的。”无论你面对的人是在撒谎还是心虚，你都可以通过对方的笑容来判断对方心里的真实想法，因为说话者虚伪的微笑在几秒钟就能戳穿他们的谎言。

心理学家告诉我们，真正的微笑是均匀的，它们在面部的两边是对称的，它来得快，但消失得慢，因为它还牵扯了从鼻子到嘴角的皱纹，以及眼睛周围的笑纹。而那些说谎者伪装的笑容则来得比较慢，而且它们出现在面部时是有些轻微的不均衡的，当一侧不是太真实时，另一侧想做出积极的反应，而眼部肌肉没有被充分调动。这一点我们可以通过观看电影或电视来发现，那些电影中的坏人经常露出的笑容是既冰冷又恶毒的，所以他们的笑容永远到不了眼部。

哪些笑是撒谎的掩饰

笑是人们生活中用得最多的表情之一，因为生活中不能没有笑声，没有笑，人们就容易患病。然而，有些笑容并不都是发自内心的。面颊上扬，嘴角上翘，眼睛眯起、露出笑容，这就是笑容。不过，在这些常态的笑容背后，到底映射着什么样的心理活动呢？在微笑中，我们如何才能看穿对方的真话与谎言呢？

人们在撒谎时为什么会露出笑容呢？或者说，为什么会借助笑容来掩饰自己呢？当人们在说谎的时候，第一感觉就是不要被人发现，因为撒谎本身对别人而言是有欺骗性的，但如何才能掩盖自己那些不小心露出的微表情呢？笑容，也只有笑容才能掩盖那些微表情，在人们看来，笑容是毫无威胁性的，如果自己在撒谎时露出笑容，那不仅仅可以骗到对方，而且还能够让对方对自己产生好感。所以，在生活中，我们不要总认为笑容就是善意的，而是需要读懂笑容背后的秘密，比如，有的笑容是用来掩盖谎言的。

早上，小张上班时在电梯里碰到了经理秘书小雯。小张想起了昨天的考核，心想，经理的秘书肯定知道结果，不妨问问她，自己心里也好有个底。

于是，小张打了个招呼："早啊。"小雯礼貌地回应："早。"小张接着说："这两天很忙吧。"小雯回答说："是的，你们最近正在考核，需要的资料都得收集，所以每天还得加班。"听到这样的回答，小张高兴了，没准她真的知道考核结果呢。接着，小张有些兴奋地问："那你肯定知道考核结果了吧，你知道我的情况怎么样吗？先给我透露透露，我也好放下心。"小雯笑了："你们的考核结果是机密，这样的事情我肯定不知道了，我只负责收集资料。"小张有些泄气："肯定是你自己不想说。"小雯笑了，回答说："我是真的不知道。"

电梯到了，一脸忧郁的小张走了出去，紧接着小雯也走了出来。出了电梯，小雯舒了一口气：真危险，再说，我可要露出破绽了。原来，小雯知道考核的一些事情，但这个事情是经理再三交代的，不等总的结果出来，不能随意泄露。为了守住这个秘密，小雯只好摆出一副笑脸，在小张面前撒谎了。

当人们想要撒谎的时候，他们会想着找一个很好的掩饰物，这样自己在撒谎时才能镇定自若。而在上面这个案例中，小雯所借助的就是一张笑脸。当她在微笑的时候，潜意识里告诉自己：我只是在微笑，并没有撒谎。以至于自己真的撒谎了，她也会觉得自己没有撒谎，于是乎，撒谎变成了一件极其正常的事情，她也就不容易露出破绽了。

众所周知，日本人喜欢微笑，微笑几乎已经成了日本人礼仪中不可或缺的部分。很多到日本旅游的游客深有感触，比如，在街头问路，不管是男女老少都会微笑着给你指点方向，如果是到商店买东西，即便你只买了一个面包，售货员也会微笑着跟你说“多谢，欢迎你下次再来”。有人说，所谓的日本式微笑，也就是职业性的微笑，皮笑肉不笑，这不是发自内心的笑。也有心理学家称“这是典型的假笑”。

假笑，顾名思义，也就是情绪与表情不一致。那么，通过对方所露出的微笑，我们怎么知道对方是在撒谎还是说的真话呢？对此，心理学家将为我们揭开这神秘的面纱。

1. 真笑的表情呈现

心理学家认为，真正的笑容是嘴角上翘、眼睛眯起，这时面部主管笑容的颧骨主肌和环绕眼睛的眼轮匝肌同时收缩。这是因为真心露出的笑容是自发产生的，不受大脑控制。因此，除了反射性地翘起嘴角之外，大脑负责处理情感的中枢还会自动指挥眼轮匝肌收缩，这样使得眼睛变得很小，眼角自然产生了皱纹，同时，眉毛也会倾斜。

2. 假笑的表情呈现

心理学家指出，虚假的笑容是通过有意识地收缩脸部肌肉、咧开嘴、抬高嘴角产生。这时，眼轮匝肌不会收缩，因为眼部肌肉不受人的意识支配，只有真的情绪出现时才会发生变化。当然，在生活中，有的人假笑很夸张，他的面部肌肉会收缩，整个脸挤成一团，给人造成一种眼睛眯起来的假象。不过，这时如果你仔细观察，就会发现其眼角的皱纹以及倾斜的眉毛是没办法伪装的。

3. 真笑与假笑的区别：眼睛和嘴巴

心理学家认为，在谎言快要被揭穿的时候，人们会习惯性地选择以微笑来蒙混过关。同时，还会出现这样的现象，当一个人在撒谎的时候，他的笑容是特别多的，理由在于撒谎者的内心很不安，他希望凭借微笑来缓和自己的紧张情绪，当然，这种虚假的笑容会掩饰自己的谎言，以及达到套近乎、笼络对方的目的。

真笑与假笑的区别在于：正常的笑容，通常都是先从微笑开始的，然后慢慢带动眼睛。虚假的笑容，嘴巴和眼睛则是同时动作，或者是嘴笑眼不笑的表情。

美国加州大学心理学家保罗·埃克曼教授和肯塔基州大学的华莱士·V. 法尔森教授经过多年研究，设计出一套识别面部表情的编码系统，能够成功破解人们的真实表情，包括真笑和假笑。通过大量实验证明，内心喜悦所产生的自发笑容与故意收缩面部肌肉所引起的假笑是不一样的。

那些瞬间的微反应反映了什么

不知道朋友们有没有仔细观察过，在每一个主要显露的表情之中，都会有一个细微的表情显现出来。只是，这个表情往往隐藏在面部表情之中，隐藏在眉宇之间、眼神中、嘴角边，若是不仔细观察，是难以发现其中的奥妙的。最为关键的是，那些主要显露的表情之下的细微表情才是其真实情绪的呈现。

梁惠王雄心勃勃，广纳天下贤才。有大臣多次向他推荐了淳于髡，因此，梁惠王频频召见了那位颇具才干的淳于髡，而且，每一次都屏退左右与他倾心交谈。但召见了两次，淳于髡都沉默不语，弄得梁惠王很尴尬。

事后，梁惠王责问大臣："你说淳于髡有管仲、晏婴的才能，我怎么没看出来，他只是沉默不语，我看你是言过其实。"大臣以此话问淳于髡，淳于髡只是笑了笑，回答说："确实如此，前两次我都沉默不语，但我不是故意的，而是另有原因。我也很想和梁惠王倾心交谈，但第一次，梁惠王脸上有驱驰之色，想着驱驰奔跑一类的娱乐之事，所以我就没说话；第二次，我见他脸上有享乐之色，是想着声色一类的娱乐之事，所以我也就没有说话。"

大臣将此话告诉了梁惠王，梁惠王回忆了当时的情景，果然不出淳于髡所言。这时，梁惠王不禁佩服淳于髡的识人之能，也终于相信了大臣所言，开始重用淳于髡。

在这个典故中，淳于髡正是利用了梁惠王流露出来的细微表情，洞悉了其心理的真实想法，也是因为如此而赢得了梁惠王的尊重和信赖。由此可见，观其脸必先观其表情矣，在与人交往的过程中，不要错过对方脸上闪烁的细微表情，抓住它，你才有可能看清其真实性情。

心理学家指出，细微表情是情绪的外部表现，这是由躯体神经系统支配的骨骼肌运动，是感情活动的外显行为，它所反映的是一个人的真实心理。我们可以说，表情是无声的语言，在与人相处的时候，一个人即使想掩饰自己内心的想法，但还是会下意识地从细微表情中表达出自己的情绪。对此，在与人接触的时候，我们需要仔细观察对方的神态，从细微表情中把握对方真正的想法。

在所有的生物中，人的表情算是最丰富，也是最复杂的。据统计，人们的脸部能做出的表情多达 25 万种，恰恰是如此丰富的表情使得人们之间的交往变得复杂而细腻。在生活中，我们常常发现人们脸上的表情跟其内心的情绪恰好相反，这是为什么呢?

其实，这是人们在潜意识里不愿意让对方看出自己心理的变化，他们会用看上去比较自然的表情来阻止自己内心情绪的外泄，以此来隐瞒自己的真性情。那么，我们是不是就不能窥破对方的真实心理呢？当然不是，狄德罗在《绘画论》中说道：“一个人，他心灵的每一个活动都表现在他的脸上，刻画得很清晰、很明显。”

说谎者有哪些微反应

一般来说，说谎者都很善于掩饰自己，每一个说谎者都希望自己能够成功地欺骗他人，而自己能够享受那种撒谎成功的喜悦心情。其实，只要我们细心地观察，就会通过对方的言行举止发现其在谎言。因为，即便是最高明的说谎者，也会出现“百密而有一疏”的情况。通常情况下，说谎者不外乎把自己的谎言掩藏在言行举止中，只要掌握一些辨别谎言的技巧，我们就会清楚地判断出对手是否在说谎。在谈判过程中，我们的对手往往会将自己的真实内心包裹起来，而呈现在我们面前的是一张虚假的面具，所以，他嘴里说着谎言的时候，如果我们不仔细观察，就很难察觉。

那么，说谎者经常用到的掩饰方式有哪些呢？下面心理学家就简单地介绍几种说谎者常用的方式。

1. 撒谎的人喜欢触摸自己

心理学家发现，说谎者在撒谎时会下意识地抚摸自己身体的某些部分，当对说谎者进行仔细观察之后，我们会发现，他们在撒谎时会借助一些身体语言，比如，触摸自己或身上的衣物，掩口、摸鼻子，或者不断地拉扯自己的衣角，等等。

掩口：说谎者为什么会想要捂住自己的嘴巴呢？其实，这是由于说谎者的大脑潜意识里使他不想说那些骗人的话而导致的下意识动作，如此细微的举动可谓是“欲盖弥彰”。另外，当我们在谈论某些事情的时候，对方却捂住了嘴巴，这表示他对你所说的并不感兴趣，只是不愿意当面表现出来而已。

摸鼻子：有的说谎者在撒谎时会摸自己的鼻子，有可能他们本来是想捂住自己的嘴巴，但觉得这样的举止不太合适，通常就会在鼻子上摸几下，以此来掩饰自己的捂嘴动作，其目的就是掩饰自己在撒谎。不过，并不是所有摸鼻子的人都在撒谎，一般而言，说谎者触摸鼻子的时间很短，而且力度很轻。

拉扯自己的衣角：通常情况下，人们说谎会引起心理上的不平衡，如此，就会导致交感神经功能的微妙变化。在那一瞬间，他们会下意识地拉扯一下自己的衣领或者衣角。这时候，如果你细心地观察，就会发现对方的情绪处于十分紧张的状态，随时都有可能会爆发出来。

2. 虚假的笑容

在说谎的时候，那虚假的笑容就成了最好的伪装面具。有可能我们的对手在撒谎，那么，我们可以通过对手的笑容来判断其心里的真实想法，因为说谎者脸上所挂的始终是虚假的笑容，他们的笑容没有办法牵动眼部的肌肉。

3. 表情的闪现

一般情况下，每个人维持一个正常的表情会有几秒钟的时间，它所呈现在脸上的时间既不会太长也不会太短。而对于一个说谎者来说，在他们伪装的脸上，真实的感情只会在脸上停留极短的时间。而且，大部分的说谎者会把自己伪装的面部表情维持或短或长的时间，一般而言，任何一种表情如果持续的时间超过了5秒钟，大部分都可能是假的。有的人会极力掩饰自己愤怒的表情，他们尽量使自己的表情呈现出一种相对稳定的状态，比如，面无表情；而有的人则恰好相反，他们会使自己伪装出来的表情长时间出现，比如，在整个谈判过程中都挂着虚假的笑容。

4. 脸色发红

面部是人们最为直接的身体部位，也是最容易暴露的部分，它是人们传递情感信息的最重要的部分。有的人在说谎时脸色会发红，如果有人将他的谎言识破了，他会显得更加紧张，甚至会导致面部充血，使脸部皮肤呈红色。

当然，善于伪装的说谎者除了上面介绍的几种掩饰方式外，还有其他一些表现，比如，平时沉默寡言，突然变得口若悬河；在谈话过程中露出惊恐的表情却强作镇定；说话时闪烁其词，口误比较多；对你所怀疑的问题，过多地一味辩解，装出很诚实的样子；精神恍惚，不敢与你的目光接触。在交流过程中，只要你能够细心地观察对方的言行举止，就能很容易判断出对方是否在说谎。

小人常用的一些掩饰自我的微反应

在日常生活中，小人无处不在，时常有意无意地在我们身边出现，给我们带来一些麻烦。但是我们却不能轻易地发现他，很多时候我们只能在心里暗暗诅咒他们。其实，越是奸诈的人就越善于伪装自己，他们用善良伪装邪恶，用贤德伪装奸诈。他们在表面上对你相当和善，但是背着你却猛说你坏话，甚至使计策坏你的好事，我们对这样的人简直是烦不胜烦，但是也毫无办法。实际上，虽说小人掩饰的功夫相当到位，但是依然会免不了与常人不一样，他们在很多时候，会透过一些微反应泄露出心中的秘密。只要我们仔细观察，就会发现我们身边的小人，这样就能够及时地采取远离或逃避等措施，以防上当受骗。

李先生是一家小公司的业务经理，他平时的工作就是管理业务部下面的十几个人以及一些业务上的来往。最近公司新来了一个员工小王，小王是个看起来挺老实的年轻人，对人也是彬彬有礼，客气有加，更难能可贵的一点，就是他平时工作很认真，几乎没有出现过任何差错。所以，他才来公司一个月，就深得李经理的喜欢，李经理还准备把他提升起来做业务助理。正在这时候，却出现了一件意想不到的事情。

有一次，因为李经理的疏忽，一下子造成了两个大业务的直接流失，总经理为此大为恼火。李经理一方面作了深刻的反思，另一方面也对失去的客户进行了最大限度的挽留。那些天，整个业务部都处于低气压，李经理整天为工作的事情忙得焦头烂额。但就是在这个极为关键的时刻，李经理却偶然从朋友的嘴里知道小王背着自己在总经理面前说了不少的话，其中包括对李经理平时工作的恶劣评价，还唆使总经理把李经理辞退掉。

当李经理得知这些消息的时候，他不禁有些惊讶，不断地说："没有想到小王是那种人。"他再慢慢回忆与小王日常交往的过程，才发现其实小王平时就有一些不太正常的表现。比如，小王从来都是对自己彬彬有礼的，哪怕自己语气相当愤怒，小王也总是满脸笑容地看着自己。想到这里，李经理不禁有些头皮发麻。

其实，小人特别善于用一些微反应来掩饰自己，比如说话时目光闪烁不定，回避你的眼神；或是脸上长时间保持微笑，而你们的谈话并没有特别引人发笑的内容；说话时没有多余的小动作，眼角却习惯性地向左扬起，斜眼看人；目光冷酷犀利；笑里藏刀，等等。下面就小人几种常见的表情来作一一分析。

1. 未语先笑

有的人习惯于还没有开口说话就开始笑起来，并且笑容显得很奇怪。一般来说，有这样笑容的人大多心里隐藏着某些不能告人的秘密。他们在交谈的过程中，脸上总是长时间保持着微笑，而实际上你们的谈话内容并不是特别引人发笑的。而他这样的表情，明显是有撒谎的嫌疑，他有可能并没有认真听你讲话，只是做出微笑的样子来敷衍你。在他们心里，也许正在算计着什么，或许正在对你打什么坏主意。如果你身边有这样的人，一定要多多提防，以免上当。

2. 喜欢斜眼看人

有的人喜欢在说话的时候，眼角习惯性地向左扬起，斜眼看人。他们在讲话的时候，不喜欢和你的视线进行直接接触，而是斜眼看着你。有时候，当你试图把视线转向他的时候，他就会快速地转移视线看看天花板或者看看窗外。但是一旦你把视线移开了，或者专注于自己所讲的话时，他就会偷偷地斜眼观察你的一举一动。他似乎是希望通过对你进行细致的观察，来了解你的内心活动，能够通过主动迎合你的想法来博取你的好感，进而达到他不可告人的目的。

3. 目光冷酷犀利

有这一表情特点的人，在历史上有一个代表人物，那就是三国时期的司马懿。常言道："谁笑到最后，谁笑得最好。"在《三国演义》中，笑到最后、笑得最好的既不是曹、孙、刘三家君王，也不是智者诸葛亮，而是司马懿。而司马懿最常见的表情，就是三步一回头，那冷酷犀利的目光直刺得你心寒胆战。在我们日常生活中，也不乏这样的人。他们总是在你面前隐藏他那犀利的目光，而在你看不见的角落，他就会用那极端冷酷犀利的目光注视着你。即便是不知道目光来自何处，你也会有那种心寒的感觉。

4. 笑里藏刀

在我们身边有很多笑里藏刀的人。他们总是试图与我们保持一种亲密的关系，或是投我们所好地说一些让我们高兴的话，或是假装与我们之间在某种爱好上有着极为相似的地方，或是平时喜欢给我们一点小甜头。他们看起来就好像是一个很值得信赖的朋友，可是当遇到重大事情的时候，他就会隔岸观火，幸灾乐祸，甚至恶意中伤你。

一般来说，这类人的笑容很假，他们往往用那些伪装过的笑容来博取你的好感，因此他们的面部表情会显得极不自然。你在平时的生活中，要善于分辨哪些是真诚的，哪些是虚假的，再通过一些行为举止来辨别出他们内心的想法。

其实，无论是在我们生活中，还是在工作中，都存在形形色色的小人，这就需要我们善于通过对方伪装的表情来看透对方的真实意图。以上是小人用来掩饰自己的几种常见的表情，当然，小人们用来掩饰自己的表情还有很多，这就需要我们在现实生活中练就一双慧眼，通过敏锐的观察力和洞察力去揭开他们的真面目。

通过虚假表情探查出对方的真实情绪

一个人表情的外显通常被认为是“自然流露”，意思是指有所见或有所感而发自内心的自然本真，显示出的表情举止自然而然，但其中也隐藏了不少真性情，因为虚假的表情难掩真实的神色，你若仔细观察，必会窥探出不少秘密。比如，项羽和项籍看见秦始皇游览会稽郡渡浙江的时候，项羽脱口而出：“彼可取而代也。”吓得叔叔项梁急忙捂住他的嘴，这表明项羽心直口快，而刘邦在见到秦始皇的时候，则说的是“大丈夫当如是也”，两人截然不同的神色，表明了两人不同的心性。

心理学家说：“人的面部表情是人的内心世界的显示器。”一般而言，人的喜怒哀乐都会表现在脸上，一个人高不高兴看他表情就知道了。但是，并不是每一个人的真实内心都会反映在面部表情上，有时候，他们为了寻求自我保护，会下意识地隐藏自己的一些真实情绪。不过，只要我们仔细观察，透过细微的表情，一定能捕捉到其中的秘密。

那么，如何从那些虚假的表情中捕捉他人心中的真实想法呢？

1. 面无表情者

有的人自作聪明地认为“面无表情”就是最自然的神态，其实不然。在日常交际中，许多人会“面无表情”地谈话、交流，轻易不肯说出自己的想法。心理学家表示，其实，他们真实的内心不外乎这三种想法：一是敢怒不敢言；二是漠不关心；三是根本没有放在心里。只是对方不愿意让你看出来而已。

2. 皮笑肉不笑

在生活中，有许多人经常会以虚假的笑容来迷惑他人，尤其是那些奸诈的小人，他们不愿意表露自己真实的想法，常常以皮笑肉不笑的笑容示人。心理学家分析，其实，这时他们内心的想法恰恰是与脸部表情相反的，可能是很愤怒，可能只是想敷衍你，但其内心一点想亲近你的意思都没有。

3. 洞悉对手急躁、不耐烦的表情

心理学家认为，人们在生活中学会了许多方法来掩饰自己的内心，当然，他们也知道在什么样的情况该掩饰什么样的表情。比如，在商业会谈的时候，有的人总是显得急躁、不耐烦，眉毛时常跳动，这时，他们有可能没有诚心跟你合作，只是想趁早了事，还有一种可能就是他们只是想早点结束生意而去参加公司的晚会。

心理学家指出，在生活中，一个人的面部表情是最能吸引人的表情。或许，在对方未开口之前，你就能从其面部表情中获得一些信息，了解到对方的情绪、气质、性格、态度等。俗话说：“看人先看脸。”脸是一个人内心世界的外显示器，当然，所谓的脸并不是指人的长相，而主要指的是面部表情，而且在这里是指那些主要显露表情之下的细微表情。

小小手势中暗藏的谎言

心理学家表示，当一个人用手摸嘴巴时，表示当事人试图抑制自己说出那些谎话，即便是用几根手指或紧握的拳头遮住嘴巴，这些手势所表现的心理都是一样的。在电视中，我们经常会看到这样的画面：当强盗或罪犯在和其他歹徒讨论犯罪计划，或者遭受警察审讯的时候，就常常做出这样的动作。假如一个人在说话时遮住自己的嘴巴，那他有可能在说谎。假如你在说话的时候，其他人用手遮住嘴巴，那就表示他们认为你可能隐瞒了某些事情。

小王这段时间正忙着赶场面试。这天下午，他接到了两个面试通知，都是他比较喜欢的工作。于是，他把一家公司的面试安排在上午，而另一个安排在下午，中午还能吃个饭休息休息。

可是，等到面试那天，小王却破天荒地睡过了头，起来的时候已经9点半了。他急忙洗漱，整理面试资料，等赶到公司已经是10点半了。他刚气喘吁吁地坐下，经理就走了进来，没说两句，公司副总也走了过来，想看看这里的面试情况。

顿时，小王一下子紧张到了顶点，在介绍自己工作经验时总不自觉地摸自己的鼻子，尽管他并没有感冒，也没觉得自己鼻子有多痒。副总脸上露出了不耐烦的表情，小王心更慌乱了，本来自己昨天还做了准备工作的，可是，一紧张什么都忘记了。一会儿，副总就出去了，剩下的面试官问了几个无关痛痒的问题后，就匆匆结束了面试。小王明白，这次的面试完全让自己搞砸了。

有时候，当人们在撒谎时会习惯性地触摸鼻子，有时只是略微轻触，几乎令人难以察觉。心理学家赫希称这个为“匹诺曹综合征”，这是根据那个著名的童话人物来命名的。匹诺曹每次撒完慌，木头鼻子就会变长，对此，赫希指出：“人在撒谎时，鼻子会充血，通过摸鼻子或擦鼻子，能让这种感觉得以缓解。”当然，也有人解释说，摸鼻子更多表现的是紧张的情绪，弗兰克就表示：“关于撒谎的试验研究表明，摸鼻子并不是一种普通的欺骗信号。”或许，摸鼻子并不是每个人都具备的欺诈标志，它有可能只是适用于某些人。

心理学家发现，那些说谎者在撒谎时会下意识地抚摸自己身体的某些部分，其实，说谎者在撒谎时越是想掩饰自己的内心，却越是因为这些细微的动作而暴露无遗。

心思缜密，善于察人心助你左右逢源

社会的复杂，在于人心的复杂。在日常交际中，要想与人建立稳固的关系，首先需要了解他人，识破对方的心思，看清周围的环境，只有这样，即使身处复杂的环境中，我们也能更好地保护自己，游刃有余地应付他人。在这个世界，并没有独立存在的个体，因而，人与人之间的交际是不可避免的。随着社会的日新月异，人们的物理距离越来越近，甚至，彼此之间只有一堵墙或者一层楼板，但是，彼此之间的心理距离却越来越远了，我不知道你所想，你亦不知道我所思，交往之中总是觉得少了点亲近，多了份阻碍。其实，这种距离感，实际上就是人们彼此互不信任、互不理解而造成的。这种距离感不仅仅使人与人之间的关系变得越来越扑朔迷离，而且还会给我们带来麻烦与困惑，因为如果彼此戒备，交往势必更困难。那么，如何才能轻轻松松做一个交际达人呢？秘诀只有一个，即察人心通人性，识破他人的心理，再以相应的策略迎合，如此一来，就能使你在交际场上左右逢源。

当然，察人心并不能靠一面之词，还需要用眼睛、用心去辨认，这样，我们才不至于被假象所蒙蔽。如何识破那些隐藏起来的心理呢？有人归纳出来了一个看透人的方法："看一个男人的品位，要看他的袜子；看一个女人是否养尊处优，要看她的手；看一个人的身价，要看他的对手；看一个人的底牌，要看他身边的好友；看一个人是否快乐，不要看他的笑容，要看清晨梦醒时的一刹那表情；看一个人的胸襟，要看他如何面对失败及被人出卖；看两个人的关系，要看发生意外时，另一方的紧张程度。"虽然，这样的总结并不一定很准确，但对我们察人心多少有一些帮助。人心是一本书，一本复杂的书，我们读起来有时会感到吃力，但是，唯有读懂了这本书，我们才能游刃有余地应付复杂的人际交往。

齐王后去世的时候，后宫有10位齐王宠爱的嫔妃，其中会有一位继任王后，但是，究竟是哪一位，齐王却不做明确的暗示。宰相田婴开始动脑筋了，他想：如果自己能确定哪一位是齐王最宠爱的妃子，然后加以推荐，肯定能博得齐王的欢心，同时，还能赢得新王后的信任。不过，万一弄错了，事情反而会很糟糕，自己应想个办法，试探一下齐王的心意。

于是，田婴命工人赶紧打造了10副耳环，而其中一副要做得特别精巧美丽。田婴把这10副耳环献给了齐王，齐王则分别赏赐给了10位宠妃。第二天，田婴再拜谒齐王的时候，发现在齐王的爱妃之中，有一位戴着那副特别美丽的耳环。田婴明白了齐王的心意，赶紧向齐王推荐了那位戴着美丽耳环的妃子，果然，齐王大喜。不久之后，那位新继任的王后，确实是那天田婴推荐的那位妃子。

田婴虽处于乱世，但是，由于懂得处世之道，懂得识人心，这使得他没有被卷进是非之中，反而能够保全自我。为人处世，与人相处，半分钟看破人心极为重要，这样，我们才能在片刻之间，看透身边的人与事，看破一个人的真伪，洞悉对方内心深处所隐藏的秘密。看破人心，才能以不变应万变，窥探出其心理的微妙变化，辨别出其真实的心理，让自己在交际场合中左右逢源、轻松自如。

纵观古今中外，凡成大事者，无一不是察人心的高手。不能识风浪，就不能扬帆沧海；不能察鸟兽，就不能纵横山林；不能察人心，就不能左右逢源。也许，你能够在职场驰骋纵横、无往不胜，但是在面对纷繁复杂的人际交往时，却会困惑、迷茫。在我们身边，没有人会完完全全地把自己呈现出来，他们将自己隐藏在面具后面，不过，其眼神、举动、行为、习惯，都会暴露出其心理与性格。而我们只需要找到这些透露出来的细枝末节，就能识破对方心理了。

一个善于识人心的人，一定是一个观察力敏锐的人。如果你没有一定的观察能力，就无法察觉对方在表情、动作、语言上的变化，对方心里在想什么，你也根本无从知道。所以，要想看透他人，识破人心，就必须学会察言观色。

不仅如此，还需要拥有缜密的心思，没有一个人会完全地袒露自己，让自己处于人们的视线之下。所以，我们必须练就较强的识人能力，拥有敏锐的观察力和缜密的心思。这样，你就可以看透你身边的人，你就可以在众人中不露痕迹地分辨出真朋友还是假朋友；你还可以准确无误地判断出上司的意图；你可以在朋友的语调中读出他的隐衷；你可以在对你微笑的人的一转身间发现他的谎言。熟知了这些察人的技巧，我们才能轻松应对复杂的人际交往。

言为心声，观其行，察其言

《鬼谷子》曰：“捭阖者，道之大化，说之变也。必豫审其变化。吉凶大命系焉。口者，心之门户也。心者，神之主也。志意、喜欲、思虑、智谋，此皆由门户出入。故关之以捭阖，制之以出入。捭之者，开也，言也，阳也。阖之者，闭也，默也，阴也。阴阳其和，终始其义。”在文中，道出了“口乃心之门户”的经典之说，意思是说，人的口是心灵感受的表达渠道。其实，何止是言？所谓“相随心生，境由心造，口乃心之门户”，一个人平时的一言一行，都是其内心的一种真实反映。心中如何想，都将通过言行表现出来。在一般情况下，一个人的一言一行都是遵从于主人内心的影射，当然，在现实生活中，也会出现言行不一的情况，这又另当别论了。比如，一个人高兴的时候，他的语言是充满愉快的，行为举止都是荡漾着快乐的，哪怕他想故意掩盖，但我们还是可以从其言行的细微处察出其内心的真实情况。

有一次，鲁哀公问孔子道：“应该选取什么样的人才呢？”孔子回答道：“弓与箭协调，然后才能要求它射中；马老实善良驯服，然后再要求它是骏马；人一定要忠实、诚恳、稳重、朴实，这以后才能要求他的智慧和才能。现在有人不忠实、诚恳、稳重朴实，却富有智慧、才能，像这样的人犹如豺狼一般，不能让自己靠近他。因为这个缘故，先要看他确实是仁厚、诚恳的人，然后才亲近他，如果这个人又有智慧才能，然后再任用他。所以说，亲近仁厚的人并任用他的才能。选取人才的方法，不仅要听他说，更要观察他的行动。言语是用来抒发他胸中的志向和感情的，能干事的人，一定能用语言表达出来。因为这个缘故，先要看他说的，然后考察他的行为。用言语来考察他的言行，即使有为非作歹的人，也无法掩饰他的真情。”哀公说：“说得好。”

孔子说：“选取人才的方法，不仅要听他说，更要观察他的行动。言语是用来抒发他胸中的志向和情感的，用言语来考察他的言行，即使有为非作歹的人，也无法掩饰他的真情。”其实，在日常生活中，与人交往，要想了解对方的真实心理，我们依然需要观其行，察其言，因为对方的言行是没有办法掩盖的，它能清楚地反映内心所想。

苏东坡与佛印和尚是好朋友，佛印的道行比苏东坡深，为此，两人经常在一起参禅、斗嘴、斗智斗勇。

有一次，两人一起参禅，相对而坐，苏东坡问佛印，“你看到了什么？”佛印回说，“看到佛。”接着问苏东坡，“你看到了什么？”苏东坡回答说：“看到了牛粪。”

他得意扬扬地回到家中，并把这事告诉苏小妹，满心以为这是他与佛印和尚暗中较量的一次辉煌的胜利时，没想到苏小妹听了却摇头叹息道：“哥，你输得好惨！”苏东坡不解，苏小妹解释道：“参禅讲究的是内心的修炼，明心悟性，你心中有什么，你就会看到什么。佛印眼中看到的是佛，说明他心中有佛，而你看到的是牛粪，说明你心中有什么？”

明心悟性，你心中有什么，你就会看到什么。换句话说，你心中如何想，你就去说什么，去做什么，一言一行都是其内心的真实影射。相随心生，境由心转，一切法从心生。言行均是内心的真实反映，熟知这个道理，对我们识破人心有很大的帮助。在日常交际中，我们需要随时观察对方的言行，不错过一个动作，不漏掉一句话，并通过其言行来窥探其心理，如此，才能掌握交际中的主动权。

我们常说“言为心声”，一个人所说的话实际上就是其内心的真实表达。

当然，其行为举止也是遵从于内心的真实，这是必然的道理。一个人说出来的话是需要坦荡地表露自己心灵的，如果一个人长期地昧着良心说话、行动，这就是我们所说的“心口不一”，那么，这个人也没有办法得到他人心灵的承载，简单地说，就是得不到他人的认可。言行就相当于一个放映机，不断地将其内心所思所想影射出来，将心中那些抽象的东西具体化。因此，我们在考量一个人的时候，需要观其行，察其言，如此才能窥探其真实的心理。早在很久以前，孔子就提出了选贤才的标准，即是“观其行，察其言”。

品音色，听出来的心理密码

音色是声音的特性，一般而言，音调的高低决定于发声体振动的频率，响度的大小决定于发声体振动的振幅，但对于不同的人来说，其发出声音的音色是不同的。其实，音色的不同取决于不同的泛音，不同的人发出的声音，除了一个基音外，还有许多不同频率的泛音伴随，而恰恰是这些泛音决定了其不同的音色，使我们能分辨出不同人发出的声音。简单地说，每一个人即使说着相同的话，也存在不同的音色，因此，我们可以根据这些音色去辨识对方。心理学家认为：“音色是性格的密码。”在生活中，我们常说，谁的嗓子音色很美，或音色沙哑、独具个性，有时候，我们还会评论小提琴家“音色丰富多变”，等等。其实，这些独具个性的音色，恰恰是我们摸清对方性格的钥匙。

在西晋的时候，王湛的父亲去世了，他居丧3年，丧期满了，就居住在父亲的坟墓旁边。侄子王济来祭扫祖坟，从来不去看望叔父王湛，两人偶然碰到一起，也是寒暄几句就作罢。

有一次，王济试探性地问了叔父最近的事情，王湛回答时音调适当，音色温顺流畅。王济听了，大吃一惊，在他看来，叔父在之前不过是胆小怕事、缺乏主见、意志软弱之人，没想到，现在变得如此稳重。在这之前，由于王湛的品性，王济从来不把他当叔父看待，自从这次听了他的言谈后，心中生出了敬畏之意。自己虽然才华出众，但在叔父面前，却是自愧不如。王济不禁感叹："家里有名士，30 年来却不知道！"

以前，晋武帝每次见到王济，都会拿王湛开玩笑，问他："你家里那位傻子叔父死了没有？"每到这时，王济总是无言以对。自从与叔父畅谈之后，王济对叔父有了新的认识，等到晋武帝再那样问起的时候，王济便回答说："臣的叔父并不傻。"接着，王济便如实讲出了王湛的优点。晋武帝问道："可以和谁相比呢？"王济回答说："在山涛之下，魏舒之上。"由于王济的推荐，王湛的名气逐渐大了起来，28 岁的时候步入仕途，被天下人所知。

心理学家认为，说话速度较慢、音色温顺平和的人，他们对于权力都看得很淡，过着与世无争的生活，比较容易与人相处。不过，由于个性比较软弱，胆小怕事，他们对于外界的人和事会采取逃避的态度。不过，这样的人有着丰厚的内在素养，若是有人在旁边提携一把，他会成为一个大有作为的人物，比如王湛。

下面，我们就介绍几种常见的音色，以此来判断对方属于何种性格。

1. 音色深沉

这样的人大多才华出众，语气凝重，言辞隽永。对于生活中的人和事，他们能够理解得深刻而准确，对自己和他人很负责任，值得信赖。或许是因为不擅长处理复杂的人际关系，他们往往不能得到重用，自己的才华也无处施展。

2. 音色铿锵有力

这样的人是非分明，对于任何事情都会坚持原则，给人的感觉就是原则性太强，不懂得变通，常常因为一件小事情，而让人没有商量的余地。不过，在另外一方面，他常常因为公正而受到人们的尊敬。通常，他们在评价别人的时候，不会因主观原因而产生偏见，即使与对方存在私人恩怨也可做到公正无私。

3. 音色柔和

这样的人待人宽厚，性格大度，做事懂得变通。他们不会轻易与人发生争执，在他们看来，无谓的争辩只会伤了彼此间的和气。他们会藏起自己的锋芒，在交际中展现八面玲珑的一面，擅长处理人际关系。

4. 音色激烈

这样的人有着较强的好奇心，有较为独特的思维能力，敢于向传统挑战，敢于向那些所谓的“权威”挑战。他们有着丰富的想象力，经常会有一些奇思妙计，在语言表达上，他们显得与众不同，比较有吸引力。不过，由于其敏感的性格，不能冷静地思考，难以被人所理解。

5. 音色尖锐

这样的人言辞比较犀利，喜欢与他人争辩，在与他人争执过程中，一旦抓住了对方的语言漏洞就会毫不留情地反击，以至于令对方哑口无言。他们看问题比较准确，不过，由于语言极具攻击性，因此，他们总是忽略事情的整体一面，而常常使自己陷入抬杠的境地。

熟悉声乐的人应该明白，声和音是两个不同的概念。音是声的余波、余韵，两者之间相差不远，但它们之间还是存在细微的差别。在平时生活中，大部分人说话，只不过是声响散布在空气中而已，没有音可言。当然，如果说话的时候，虽然嘴巴张得很大，声未出而气先发，那就表示对方有着深厚的内在素养。一个人的喜怒哀乐，是可以通过音色表现出来的，即使对方很想掩饰自己或者控制自己，但其内在情绪还是会不由自主地泄露出来。所以，通过音色来识别一个人的性格及内心世界，是比较可行的方法。

识别语气，听出语言中的暗示

人的声音包含各种要素，声调是很重要的要素之一，说话的声调即是声和气的综合。通常情况下，那些说话声气比较洪亮的人，具有某种权威性，有控制场面的能力；反之，那些声气比较弱小的人，由于其声气太轻太小，以至于人们需要更加集中注意力才能听清楚。那么，影响声气的因素有哪些呢？主要有共鸣腔、说话速度等。如果我们在说话时采用鼻子产生共鸣，那么，如泣如诉的声音会给人一种傲慢的感觉；反之，若是采用胸腔来产生共鸣，则使声气变得强而有力。此外，说话速度也会影响到一个人的声气，一般而言，说话速度太快的人，个性比较暴躁，语序混乱，给人的印象比较粗鲁；说话速度太慢的人，个性沉稳，做事深思熟虑。总的说来，一个人的声气会暗示他的心理状态，在生活中、工作中，我们可以从声气中识人，从对方的声气中辨别出对方此时此刻的情绪及性格特征。

孔子去齐国途中，听到一阵十分悲哀的哭声，于是对弟子说："这个哭声虽然很悲伤，但不是悼念死人的哀声。"随后，孔子下了车，问起他的名字，他说他叫丘吾子。孔子又问："这里不是悲哀的地方，你为什么哭得这么悲伤呢？"丘吾子长叹一声，回答说："我一生有三大过错，现在年老了才深深觉悟到，但追悔莫及，因此痛苦。"

孔子不明就里，便一再追问，丘吾子才说："我年少时爱好学习，周游天下，等回来时我的父母都死了，作为儿子竟不能为父母养老送终，这是第一过失；我做齐国臣子多年，齐君现在奢侈骄横，我多次劝谏都不被采纳，这是第二过失；我生平交友无数，不料到后来都绝交了，这是我第三大过失。树欲静而风不止，子欲养而亲不待。去而不回的，是时间；不能见到的，是父母。我是个大失败者，还有什么脸面活在这个世上？"说完，丘吾子便投水而死。

一个人到了因悲伤而自杀的地步，我们可以想象他所处的情境是如何的悲惨。而孔子正是从其"唉声叹气"的声气中识别出丘吾子的哭声不是为了悼念死者，而是另有其他原因，这里不难发现孔子的识人之能。

那么，我们可以根据不同的声气来辨别其言语里的暗示语。

1. 轻声细气说话的人

在与人交谈时，这种声气可以有效缩短人与人之间的感情距离，加深彼此之间的关系。这主要是因为，轻声细气说话的人常常会给人一种谦恭、谨慎与文雅的印象，这无疑容易引起对方的好感。而且有时候，它还能避免一些因为语言不当而引起的麻烦。当然，如果用它来公开坚持意见、反驳别人或者维护正义和尊严，则是不恰当的。

2. 和声细气说话的人

“和声细气”这种声气，就像是小河里的涓涓细流，轻松自然，和蔼亲切，不紧不慢，能给对方一种舒适、友好、温馨的感觉。人们以“和声细气”的声气说话，常常是在请求、询问、安慰、陈述意见的时候。

另外，和声细气地说话，可以展现出男性的文雅和女性的阴柔之美。如果是“和声细气”说话的男人，他必定是厚道、宽容的；而如果是“和声细气”说话的女人，她肯定是温柔、善良、善解人意的。

3. 高声大气说话的人

人们常用“高声大气”的声气来强调某件事情，或者表达自己内心的激动情绪。“高声大气”通常用来表示极度的兴奋或者激情澎湃的情绪，同时也能表现出说话者的性格，一般来说，这样说话的人大多富于激情，十分粗狂豪放。

比如《三国演义》中的张飞，他说话就是高声大气的，尤其是在长板桥之战，曹操带领大军追赶赵云。张飞骑着马站立桥头，怒目圆睁，厉声大喝：“我乃燕人张翼德也，谁敢与我决一死战！”声音如雷，吓退了曹军。

心理学家认为经常唉声叹气的人心理承受能力比较弱，他们缺乏自信心，对自己想做的事情缺乏勇气。一旦遭遇了挫折，内心便会充满沮丧，整个人变得颓废不堪，如果这时没有人开导他，他会变得一蹶不振。

听懂对方的弦外之音

如何听出一个人的“弦外之音”？对此，曾国藩说：“辨声之法，必辨喜怒哀乐。”一个人的七情六欲、喜怒哀乐都可以从声音中听出来。所谓“话由心生”，心境不同，发出的“声”也会有很大的不同。在人际交往中，我们时常会遭遇这样尴尬的场面：对方明明是一张笑脸，却转眼变成了黑脸。究其缘由，就在于我们没能适时听出对方的“弦外之音”。有时候，语言的交流相当于一场没有硝烟的战争，彼此都心照不宣，但为了保持一种良好的风度，却又不便直接表露出来。于是，那些看似平静的言辞之中，往往隐藏着刺儿。稍有不慎，就会被对方的弦外之音所伤害，使自己处于一个被动的境地。所以，与人交往，我们要留意对方的声音，学会听懂对方的“弦外之音”。

当吕不韦命令人编撰好了《吕氏春秋》后，他召集了包括李斯在内的很多人举行了一次盛大的聚会。在一片欢声笑语中，吕不韦面带笑容，慷慨言道：“东方六国，兵强不如我秦，法治不如我秦，民富不如我秦，而素以文化轻视我秦，讥笑我秦为弃礼义而上首功之国。本相自执政以来，无日不深引为恨。今《吕氏春秋》编成，驰传诸侯，广布天下，看东方六国还有何话说。”字字掷地有声，百官齐齐喝彩。

之后，吕不韦召士人出来答谢，吕不韦也坦然承认，这些士人是《吕氏春秋》的真正作者。李斯发现那些士人精神饱满，神态倨傲，浑不以满殿的高官贵爵为意。在他们身上，似乎有着直挺的脊梁、血性的张狂。当时的《吕氏春秋》中记载：“当理不避其难，临患忘利，遗生行义，视死如归。”“国君不得而友，天子不得而臣。大者定天下，其次定一国。”“义不臣乎天子，不友乎诸侯，得意则不惭为人君，不得意则不肯为人臣。”

李斯看着那些强悍的将士，聪明的他猜出了吕不韦的弦外之音：“哪怕有一天我吕不韦失去了天下，但是只要有这些英勇的将士，谁也别想轻视我。如果你想和我作对，还是需要好好考虑再作打算吧。”于是，李斯当即陷入沉默，不再言语。在这里，吕不韦虽然是笑容满面，而声音也很正常，但他那平稳的语调中，却透露出一种胁迫的力量。

1.“温柔”的反击

当女记者对丘吉尔说：“如果我是您的妻子，我会在您的咖啡里下毒药。”丘吉尔温柔地看着她说：“如果我是你的丈夫，我就会毫不犹豫地把它喝下去！”

在这里，丘吉尔的声音里一点也没表现出生气的情绪，反而是温柔地告诉对方自己心中所想。

有时候，在与他人的语言交流中，如果我们在言语上触碰了对方的伤痛，这时，对方还是以平静而温柔的声音回答我们，我们就应该留意了，对方话里是否藏有“利剑”。当然，并不是指所有温柔、平静的声音里都藏有弦外之音，话中是否还有别的意思，这需要我们根据语言交流的进程来猜测。

2. 犀利的语调

有的人本身不善于隐藏自己的情绪，一旦被话语击中，他就会毫不犹豫地进行反击。这时，对方心中愤怒的情绪已经反映在其犀利的语调中了。如果是面对言辞犀利的对手，我们不妨采用一些方法进行回击。

当然，这也需要掌握一些语言上的技巧，或者是话里有话地答复对方，或者是以自嘲的方式来使自己摆脱困境。你在措辞的时候，一定要注意即便是回击也要不着痕迹，不要伤害到对方，在对方面前，你应该保持一个对手应该有的胸怀和气度。

《南史・范晔传》：“吾于音乐，听功不及自挥，但所精非雅声为可恨，然至于一绝处，亦复何异邪。其中体趣，言之不尽。弦外之意，虚响之音，不知所从而来。”通常情况下，那些隐藏在话语里的“弦外之音”是不会轻易被发现的，它只是在话里间接地透露出来，而不是清晰地表达出来，它有可能隐藏在语调里，有可能藏在音色里。这就需要我们在与对方进行语言交流时，仔细揣摩其话语里的弦外之音，才能清楚对方想表达的真实意图是什么。

留个心眼，人心难测

俗话说：“知人知面不知心。”识人难，识人心更难。人世间最深藏不露的莫过于人心，而世上最猜不透、最善变的也是人心。你在人际交往中稍有差错，就有可能错识人心，产生误解。你就有可能为此失去一次难得的机会，或是失去一个重要的客户，或者错交一个不值得结交的朋友，或者把一件很重要的事情办砸了。与人交往，实在是难，难在不能看破人心，但只要我们能够看破人心，并采取相应的策略，就能够赢得成功。否则，我们将寸步难行，面临失败，平添许多烦恼。所谓“人心难测”，人心是一个人的思想，而思想是无形的，我们既看不见，又摸不着，它潜藏在人的脑海里，另外，思想并不是固定不变的，它们往往随着客观事物的变化而变化。所以，我们才说看破人心是一件不容易的事。我们常说“知人知面不知心”，其实，也道出了人心难测的道理。然而，人心也并非难以琢磨，而是很多时候，我们没能掌握洞悉人心的技巧。因此，与人交往，知人知面更要知心，在平日里，我们要学会识透人心，这是现代人掌握的处世技巧、与人交际的必备技巧。

唐朝的时候，有一个人叫卢杞，他与郭子仪一起在朝做官，两个人之间还有一些交情。那时候，卢杞还只是一个小官，但郭子仪已经成为当朝丞相，很是风光。郭子仪是个老江湖，看人往往能入木三分。他虽为丞相，但与其他大臣之间都比较随便，唯独对卢杞很有礼貌。如果卢杞来家里拜访，郭子仪会先让家人全部到后面去，而自己穿好朝服，正式地迎接卢杞。即便是在两人交谈中，郭子仪也表现得十分谦卑有礼。

对此家里人感到困惑，卢杞不过是一个芝麻大的小官，为何要如此礼遇？于是，家眷就好奇地问他：“你平日接见客人，无论是多么重要的人物，你从来都不避讳我们在场，为什么今天一个后生过来，您却如此慎重？”郭子仪解释道：“我一生什么场面没有见过，什么样的人我没见过，因此，我看人看事都有自己的角度。比如，刚才那个年轻人，你们不要看他现在很普通，将来这人一定会爬上高位。但是，他最大的毛病就是小鸡肚肠，睚眦必报，稍有不慎，这人就会怀恨在心。他的长相极其吓人，半边脸是青的，如同庙里的恶鬼，你们女人见识不多，我猜想你们看见卢杞的半边青脸，一定会笑。这一笑定会深深地刺伤这个人的自尊心，等到他得了权势，你们和我的儿孙就会有灭顶之灾了，怎能不防？”

果然，卢杞后来也做了丞相，朝廷中那些凡是曾得罪过他的官员，都被他想方设法地报复了。因为郭子仪不曾得罪他，最终得以自保。

从历史上的记载来看，这卢杞是一位相貌丑陋且心术不正的小人，不过，他很聪明，又懂得溜须拍马，迟早有一天会得到权势。面对这样的人，如果现在得罪了他，他肯定会怀恨在心，日后必伺机报复。在日常生活中，处处有像卢杞一样心术不正之人。如果稍有不慎，得罪了这类小人，就会为生活平添无数烦恼与困扰。所以，只有通过你的一双“火眼金睛”，看破他们的内心，认清他们的真伪，才能在生活中游刃有余，进退有据。

其实，在现实生活中，这样的人可谓是不在少数：有的人利用甜言蜜语与你套近乎，却是为了窃取你的劳动成果；有的人在你面前装得可怜兮兮，却只是为了你主动让出晋升的职位；有的人将你赞得飘飘然，你在激动之下把什么都告诉他，他却在背后拿你不经意透露的信息去跟老板告密；有的人表面对你赞赏有加，却在背后用讽刺的话来奚落你；有的人假装很热情地邀请你跟他一起负责某项任务，只是为了在出问题时可以让你背黑锅；有的人经常给你小恩小惠，却在关键的时候勒索你一大把。他们往往笑里藏刀，将自己的真实意图隐藏得很深，你不可能一下子就发现他。而且，他伪装起来的外表，很容易获得我们的信任与好感，在不知不觉中，我们就进入他设计好的陷阱。所以，知人知面更知心，才能牢牢地把握交际中的主动权。

在现实生活中，谁对你真，谁对你假，我们需要分辨清楚，如此，才能知心。否则，在“知人知面难知心”的情况下，我们就有可能被一时的假象所蒙蔽，将所谓的敌人当朋友，错识人心，会给自己带来无尽的痛苦与灾难。俗话说：“害人之心不可有，防人之心不可无。”虽然，在人际交往时，需要以诚相待，但是，也不能因此而让自己成了别人利用的对象。在生活中，我们经常会碰到这样的人：平日里对自己很关心，实际上却是别有用心，而我们却常常被他们的外表所蒙骗，等到醒悟的时候，为时已晚。所以，我们要学会识人心，知人知面更知心，洞悉对方心中的真实意图，使得自己能够及时掌握交际的主动权。

为何人们总是对初恋难以忘怀

西方心理学家契可尼研究发现，人们对已经做完的、有结果的事非常容易忘记，但是对没有做完的、中断了的事却无法在心中放下。在心理学上这样的现象被叫作“契可尼效应”。

生活里四处都可以看见“契可尼效应”。例如，上学时候你肯定会有这种经历，在一次数学考试里，一共有 20 题，其中的 19 题你都做了出来，只剩下一道题冥思苦想，等到交卷的时候都没有演算出来。等考试结束了，你和同学一起对答案，结果你做出来的 19 道题都正确。于是，那道没有做出的题目就成了你心口的朱砂痣，无论何时都记忆犹新，但是其他 19 题早已被你忘记了。

同理，初恋是美好的，同时也是酸涩的，许多人的初恋都无疾而终。于是，初恋就变成了那一道没有做出来的数学题，令人长久地不能忘怀。

小君和小钱是大学同学，两人从大二开始谈恋爱，毕业不到一年，两人便领证结婚了。本来是挺和美、甜蜜的一对小夫妻，但是小君最近却一点也高兴不起来。原来小钱上周去参加了高中同学聚会，和他的初恋小馨取得了联系。小馨和小钱是初中和高中同学，算得上是青梅竹马，两人从高中就开始谈恋爱，后来上了大学，两人因为在不同的城市上学，聚少离多才分了手。当时小钱还消沉了一段时间，小君正是因为觉得小钱很重感情才鼓起勇气追求他的。这次虽然两人只是交换了电话号码，但是小君心里却很不是滋味，尤其是在看到老公接到小馨电话，脸上欣喜的表情时。

小君因为这件事跟老公吵了很多次，但是小钱都没放在心上，只说这只是一段回忆罢了，两人现在只是朋友，让她不要想那么多，但小君怎么也过不了心里这个坎，总觉得自己也无法取代初恋在老公心里的地位。

在爱情的交响曲里，初恋是第一乐章。我们总是在朦朦胧胧的不确定与不自觉的好感中遇见第一个爱的人，并且希望可以和对方天长地久，这是大部分人初恋时的心理。然而初恋毕竟只是恋爱的第一步，就像一场爱情中的试水，它来得快去得也快。

虽然这样说，但是初恋留给人的感觉依然让人回味无穷甚至刻骨铭心。因为初恋对象留给了自己非常深刻的印象。这一最开始的印象直接影响了之后我们一系列的恋爱行为。

我们将初恋看作一种没有成功的、没有完成的事，正是它的未完成性使人无法忘却。同样地，在没有结果的初恋里，与初恋情人一起享受过的美好时光，大部分也会深深地留在我们的脑海里，让我们一辈子都无法忘记。初恋让人刻骨铭心的原因，正是因为它的没有完成性。

没有人能够轻易地把自己的回忆去除，不去碰、不去提并不代表已经忘记，更不要说千百年来人们都赞颂初恋是最美好的一段时光。加上人们心中的“契可尼效应”，初恋无法被忘记也就更容易理解了。

因此，如果你发现你的另一半总是对自己的初恋念念不忘，不要心生不满，因为每个人都会有这样的心理，这是一种普遍存在的心理现象。在人们的记忆中，不可能说谁替代谁，她是她，你是你，如果你一心想要替代她，那么可以不客气地讲，你弄错了努力的方向。因此，要想让自己拥有幸福美满的婚姻，就要好好把握眼下，才可能获得幸福！

初恋是每个人心中最美的情结，但并不是所有的初恋都能走到最后，不过，正是因为有了这种缺憾，所以初恋才会令人恋恋不忘。作为妻子，如果丈夫因为同学聚会或是某些原因，重提初恋的时候，千万不要大惊小怪，这样反而会适得其反，显得你无理取闹，从而把丈夫推给了别人。

婚姻这场戏需要你自己来导演

我们一生会面临无数选择，而每一次选择都对我们的发展有着重要的意义，因为这些选择直接决定了我们前进的方向和生活的质量。这就是自我选择效应。俗话说得好：“决定我们是谁的不是能力，而是我们所做的每一个选择。”可见选择对人生的重要意义。

自我选择效应对一个人的影响十分巨大，因为一旦选择了某一人生道路，就存在向这条路走下去的惯性，而且在向着这条路前进的过程中还会不断强化自己对这条道路的适应能力。

有一个美国商人、一个法国商人和一个犹太商人在沙漠里迷路了，就在他们感到绝望的时候，他们看到路边有一个玻璃瓶子。犹太人觉得很可爱便捡了起来，谁知道他刚拧开瓶盖，一个小人就飘了出来。

“我是神仙，看到你们落难，特地来解救你们，但是我只能满足你们一人一个愿望。”

美国商人说：“我要100两黄金。”于是神仙给了他100两黄金。

法国商人说：“我要两个绝世美女当我的老婆。”于是神仙给了他两个貌美如花的老婆。

“那你呢？”神仙问犹太商人。犹太商人说：“把我送回家就可以了。”

3年过后，美国商人已经不再从商了，而是一个普通的工人，生活得很普通。因为他当时虽然手里有钱，但是出不了沙漠，只好找当地人求救，最后不只把100两黄金搭进去了，还赔进去不少家产，从此一蹶不振，生意也没落了。

法国商人为了出沙漠，也赔了不少家产，回家后，两个老婆在3年生了5个孩子，一家人坐吃山空，生活过得十分拮据。

犹太商人当年顺利回家后，继续做着之前的生意，现在已经成了企业的掌舵人，财产增长了数十倍，而且娶了老婆、生了孩子，生活十分美满。

这个故事告诉我们，什么样的选择决定什么样的生活。今天的生活是由3

年前我们的选择决定的，而今天我们的选择将决定我们 3 年后的生活。从当时三人的现实情况来看，面对神仙的“诱惑”，美国商人和法国商人的选择其实无可厚非，只是他们没有像犹太商人一样，站在自己最需要的角度思考，所以只能为自己的选择付出代价。我们在做选择的时候，必须清楚地明白自己想要的是什么，否则只能像英国商人和法国商人那样，徒留后悔。

李梅是一所重点高中的班主任，有一个 20 岁的儿子，正在上海的一所名牌大学就读，在同事眼里，李梅的生活非常幸福。但是李梅却并不这样认为，相反她常常抱怨，所以整个人看起来比实际年龄苍老。在她看来，她的不顺正是她那个不上进的丈夫造成的。

李梅上大学时和她们系的另外两位姑娘并称“学院三朵花”，身边从来就不乏追求者。但是刘梅心气高，对那些追求她的男生都看不上眼，一心想找个家庭优越、事业靠谱的男朋友。就这样，李梅都毕业了，仍旧没有处对象，李梅的父母见她没有自己找对象的意思，便给她找了个在事业单位上班的男人，让她相亲。李梅见了那个男人两面，觉得他撑不起场面便和他断绝了来往。

就这样不上不下卡了几年，眼看着就要成为大龄剩女了，不只李梅的父母着急，李梅自己也开始受不了周围的眼光，着急了。最后经人介绍，她和学校做宿舍管理员的老刘结了婚。

结婚前几年因为孩子刚出生，李梅还没觉得有什么。但是随着孩子越长越大，渐渐到了离开家出门上学的年纪。李梅与丈夫相处的时间渐渐多了起来，一看到丈夫胸无大志、没有上进心的样子，李梅就很窝火，尤其是在去年同学会上，见到当年和她并称“学院三朵花”的另外两个姑娘都成了官太太和富商老婆，更是憋屈得不行，回家看自己老公也越发不顺眼了。常常感叹自己命不好。

其实李梅现在哀叹的命运不正是她自我选择的结果吗？

每个人在做出选择的时候，都应该意识到自己的选择会带来的后果，而不是等到既定事实产生之后才开始后悔、埋怨，这都是没有用的。所以我们在做每一个选择之前，都应该时刻接触最新、最全面的信息，争取让自己的选择给自己创造最好的未来。

在婚姻里面，一旦做出选择，我们就必须为自己的选择负责任，就得承担选择带来的后果。每个人都是生活的导演，愚蠢的女人，在选择错误之后，只会抱怨和叹息，聪明的女人即使选择错了，也会努力让自己扭转颓势，让自己的人生过得精彩纷呈。

爱人也需要你的温情关怀

如果你是在外工作的人，你一定会有这样的经历，第一次与人见面时，彼此间的第一句话总是“老家在哪？”，假如你们正好来自一个地方，那么即使你们之前完全不认识，也会因为这个共通点而备感亲切，从心理上拉近了彼此的距离，接下来你们的交往也会变得更加融洽。这种现象其实就是心理学上的亲和动机，也被称作亲和效应。

亲和动机指人们在人际交往中，常常会因为与他人在血缘、地域、志向、兴趣、爱好、利益上存在某种共同、共通或相似之处，而感到更容易与这个人接近。接近后，彼此间又因为这些共通点产生亲切感。我们更喜欢与那些和自己有着相同志向、爱好、兴趣的人做朋友其实正是这个原因。这一心理现象告诉我们，在与人交往的过程中，要想拉近彼此间的距离，就要积极创造条件，努力寻找彼此间的共同点。

王阳安和李欣是大学同学，两人上大学时开始恋爱，因为是学生族，两人也都是普通家庭的孩子，所以大学生活很拮据，即使约会也只是在学校外面的小餐馆偶尔吃一顿好的。但是他们依旧觉得很开心，李欣觉得只要两人在一起，努力打拼，未来一切皆有可能。

两人从大学便开始兼职做各种小生意，虽然辛苦了点，但是为了美好的未来，两人劲头十足。大三那年，正是淘宝最火热的时候，王阳安抓住时机，开了个卖衣服的淘宝店，赚到了人生的第一桶金。大四毕业，两人付完首付，在这个小城市有了自己的一套房子。

一毕业就买了自己的房子，这让许多朋友都十分羡慕，嚷嚷着就等他们的喜糖了。几个月之后，两人顺利领了证，但是并没有像其他结婚的朋友那样办婚礼、摆酒席，只是给身边的朋友、同事发了喜糖。王阳安说两人都交往那么多年了，感情深厚，不在意这些虚礼。李欣不是很高兴，一生就一次的婚礼对女人来说是多么重要啊，可现在被王阳安这么一说，自己要是再说什么，反而好像成了无理取闹、不懂事的人了。

结婚之后，王阳安把自己全部的精力都投入到了网店的运营当中。为了扩大经营范围，提高市场竞争力，王阳安和同事有时候在公司一工作就是几天几夜不眠不休。而且应酬越来越多，回家的时间自然也就越来越晚。一开始，李欣还会数着点等王阳安回来，后来也渐渐习惯了房子的冷清，到点了就睡觉。就这样两人之间的交流越来越少，结婚一年，两人说的话还没有以前恋爱的时候一个月说的话多。朋友和李欣聊天听到她说得最多的话就是家里冷冰冰的，心也冷了。

日子继续往前走，一天王阳安回家早，特意绕到超市买了一堆菜，想弥补两人的关系，但是当他兴冲冲地做好饭准备下楼去接李欣时，却看见李欣正从另一个男人的车里出来，分开时两人还拥抱了一下。王阳安很想冲上去打那个男人两拳，但是他很快冷静了下来，怕被左邻右舍见了，让李欣难堪。李欣到家后见到王阳安在家，并没有什么表示，王阳安本来以为她会愧疚、会解释，但是等来的却是李欣似解脱一般的 5 个字：“我们离婚吧！”李欣坚持离婚的理由很简单，她和王阳安的家已经让她感受不到温情了，她不愿再把自己的青春耗在一个不回家的男人身上。

每个人都需要温情，女人尤其是。毫无温情的环境，就像是一望无垠的沙漠，带给人的只会是绝望。男人打拼事业无可厚非，但这并不能成为冷落妻子的理由，家庭作为社会中一个非常特殊的群体，温情显得尤为重要。如果一个家庭毫无温情可言，那么它是无法带给人希望和喜悦的，因为它就像是死海一隅，毫无生机、喜悦可言。要想让自己在爱的海洋徜徉，就必须为打造充满温情的家庭而努力，否则你就将失去幸福的源泉。

人都是有血有肉的动物，人的感情是靠彼此之间的互动来维系的，每个人心中都渴望一个温馨的港湾，每个人都希望得到别人的关心和爱，每个人都享受被别人挂念的感觉。所以不管事业有多忙，应酬有多重要，都不要忘了时刻提醒自己，多关心自己的亲人、爱人。

情人眼里出西施的原因何在

心理学的晕环效应，讲的是在人际关系中形成的一种夸大了的社会印象和盲目的心理倾向。人如果受到晕环效应的影响，往往把对方看得过于完美，也就是大家常说的情人眼里出西施，让人为之倾倒。美国心理学家 H. 凯利等人在印象形成实验中证实了这种心理效应是真实存在的。

H. 凯利把 55 名学生分为 A 组和 B 组，让一名老师分别给两组学生上了一节课。上课之前，H. 凯利分别向两组学生介绍了这位女老师，对 A 组的介绍是：这位老师善良、和蔼，是当地十分有名的名师，深受学生的爱戴。对 B 组的介绍是：这位老师职业水平不低，但是性情冷漠，而且十分严肃，所以学生都很惧怕她。

上课结束，H. 凯利采访了两组同学，结果 A 组同学反映：课堂活跃，老师很风趣，大家都表示意犹未尽，觉得时间过得很快。而 B 组的同学则完全相反：课堂很冷清，因为觉得老师很严肃，所以整堂课都很压抑，感觉十分漫长。而且 A 组学生回答问题的积极性明显高于 B 组，他们很愿意谈论自己的新老师。同一个老师，授课内容、方式几近相同，但两组学生的反应却有如此大的反差，很显然这正是晕环效应的结果。

A 组和 B 组同学在上课之前都对老师有了一定的了解，这也就在两组学生心中有了先入为主的想法，这种想法直接导致了他们在课堂上的态度和对老师的看法。这种晕环效应在恋爱中也十分常见。

刘枫是校篮球队队长，不仅篮球打得好还长得很帅，是全校女生追捧的对象，所有女生都觉得只有女神才能配得上她们的王子。可是毕业 5 年后，大家在同学聚会上见到刘枫的老婆时，却大失所望。因为刘枫的老婆长相很普通，只是个很平常的姑娘，不只算不上美女，甚至还不如当年好多主动向刘枫示好的女生。可是刘枫看起来却十分疼爱他的老婆，可以说对她照顾得无微不至，看得一些同学都羡慕死了。

席间，有同学忍不住问刘枫的老婆是怎么追到大帅哥的。姑娘有点羞涩地说："你还是问他吧！"刘枫接过话茬说："其实是我追的她，当时我们在一栋楼里上班，我对她一见钟情，便对她展开了猛烈的追求。"大家都很不解，有几个和刘枫玩得十分要好的哥们，私底下问他这姑娘有什么好的，怎么就打败了那么多优秀的追求者了呢？刘枫笑着说："她很善良，而且笑起来很漂亮，我就是被她的笑容俘获的。"朋友们听了，都笑着说："真是'情人眼里出西施'，看来你是真的陷进去啦！"

难道那些追求刘枫的其他女生笑起来就不好看了吗？当然不是。难道这位普通的姑娘真的一笑就变得倾城倾国了吗？也不尽然。只是刘枫喜欢的是这位姑娘，所以她平凡的长相在刘枫眼里也是可爱的。像刘枫这种"情人眼里出西施"的想法，其实正是"晕环效应"的结果。在刘枫看来，老婆第一次在他心中留下的完美印象早已让那些缺点消失得无影无踪了。

在恋爱中，你会发现，如果我们先了解到的是这个人的某些缺点，那么我们对这个人的整体印象便会大打折扣，甚至对还不了解的他的某些方面，也会充满诟病。而我们先了解的是对方的某些方面的优点，那么情况则会完全相反，我们对这个人的整体印象都会非常良好。

我们在与人接触的过程中，一定要认识到晕环效应的客观存在性，而且必须知道它对人们的心理影响是多方面的，我们既要看到其积极的一面，也要看到其消极的一面。晕环效应会让我们在很短的时间内放大一个人的优点或缺点，但是我们必须清楚，人无完人，既然有优点，那就肯定有缺点，所以千万不可被一时的现象所迷惑，而无法做出客观、公正的评价。

"情人眼里出西施"虽然是一种先入为主的思想在作怪，它在一定程度上会影响我们对一个人真实的判断，但是它也并不全是消极的。它也会让我们更多地看到伴侣身上的优点，从好的方向去评判和欣赏伴侣，这对维持两人的关系具有十分积极的意义。不过仍旧要把握度，不能因为喜欢而忽略了这个人本身的问题。

爱如手中沙，抓得越牢，越容易溜走

把沙子捧在手里，你会发现，你越想抓紧一点，沙子会流失得越快。其实人与人之间也是这样，尤其是情侣之间，倘若我们总是想把爱人牢牢地拴在手里，不肯给对方属于自己的空间，那么抓得越紧，爱人越想逃。这就好比人们吃饭，只有给自己的胃留有空间，吃八分饱才是最舒适的状态。倘若把自己的胃塞得满满的，过度的饱胀感会让人很不舒适。其实，婚姻生活有时候就像吃饭这么简单，只有给彼此留有空间，才能让彼此都感到舒适。

刘洋和张霞是一对结婚 5 年的小夫妻，两人的婚姻是张霞父亲撮合成的。张霞的父亲是军区的领导，因为赏识刘洋所以把他从一个小科长一路提拔成了副部长，并且把自己的宝贝女儿嫁给了他。刘洋在朋友和同事眼里都是一个典型的妻管严，刘洋和老婆都在电力局上班，除了每个月他的工资由老婆代领，到了家，打扫、洗衣、做饭也全都是刘洋的事，单位许多不知道内情的小姑娘都说刘洋是 21 世纪的绝种好男人。

不过他的努力和辛劳，并没有博得妻子的欢心，相反，妻子觉得这是理所当然的，因为男人有钱就变坏，只有把他们变穷了，小姑娘才不会跟着他们。而且刘洋的妻子性格很急躁，只要一有事就喜欢拿自己父亲压刘洋，说没有父亲，他什么也不是。有时即使是在单位，妻子也丝毫不留情面。刘洋几次劝妻子不要在单位给人看笑话，但她都照说无误。

但是刘洋真的像他老婆说的那样一无是处吗？并不是，虽然刘洋是靠丈人提拔，可他也是有真本事的人，没有能力，即使有人提拔自己，那在这个位子上也是坐不住的。很多看见过刘洋妻子撒泼的人，都替他感到委屈，堂堂七尺男儿，每天这样，任谁都受不了。但是刘洋总说，人不能这样，老丈人器重我，还把他最宝贝的女儿交付我，我既然答应了他老人家，就不能出尔反尔。

不管怎么说，人都是感性动物，都是需要爱的。可刘洋一想到自己这 5 年的婚姻，除了做牛做马报答丈人的恩情，他真的是一点温情也没有感觉到。老天似乎是看到了刘洋的委屈，虽然婚姻不幸福，但是刘洋官运还不错，自己这几年勤恳工作，能力出色，在老丈人去世不久便升了部长。34 岁正是男人的黄金年龄，还是部长，刘洋的妻子更加不安了，把刘洋也看得更紧了。除了工资，现在连行程和电话都不放过了。

刘洋似乎已经习惯了妻子的神经质，但是妻子却变本加厉，往更严重的方向发展了。一次刘洋在办公室看资料，口渴了，便叫新来的秘书给自己泡了咖啡。结果刘洋正在喝咖啡的时候妻子来了。看见秘书在这，不管三七二十一，便打了秘书一巴掌，说她是狐狸精，闹得大家都围了过来。有人不解，出来劝架，妻子说一个新来的秘书怎么会知道刘洋喝咖啡不放奶，一定是两人私下出去喝过咖啡了。秘书很委屈，解释说："是部长自己跟我说的不加奶，说是可以提神。"然后哭着跑了。

这出闹剧彻底伤了刘洋的心，他终于决定不再忍受，他向妻子提出了离婚，为了避免妻子纠缠，他辞掉了工作，一身轻地离开了这个奋斗了整个青春的城市，回到老家做小生意去了。

刘洋的妻子并不是不爱刘洋，她之所以会紧紧地看着他，除了因为他的工作是自己的父亲安排的，有优越感外，还因为她的害怕。因为她知道自己的丈夫很优秀，虽然她一直不愿承认，但是她却真实地意识到了，所以她紧紧地看着他，怕他出轨。可是她忘了，刘洋除了是自己的丈夫，他还是个男人，男人不是权贵的附属品，他们强烈的自尊心一旦被激发，权贵就贬值成了粪土。他有自己的事业，他也需要面子，而她所做的种种恰恰是对刘洋事业最大的打击，是对他男性尊严最大的伤害，所以两人只能是越来越远，最终以离婚收场。

任何时候，你都要清楚自己想要的究竟是什么，而且更要懂得对方想要的是什么。就算是自己从市场买回来的宠物，都会有自己的意愿，会有忤逆你的时候，更何况有血、有肉、有感情的人呢？

不管是谁，即使是最亲密的爱人，也都有各自独自的领域，比如工作、事业。在这个领域里，每个人都是自由的风筝，可以尽情地挥汗自如。但是不管风筝线多长，飞得有多远，最终都会落在握着风筝线的人手里。只有愚昧的人才会将风筝和线统统抓在手里。风筝不再飞翔，线又有何用呢？为了你的婚恋生活更加美好幸福，除了要明白自己究竟想要什么，还要弄清对方的需求，给对方足够的空间让其飞翔，只有这样，你才有可能与幸福结伴同行。

沟通是婚姻保鲜的第一法则

沟通是架起人与人之间关系的桥梁，倘若两人之间连最基本的沟通都没有，那么不管彼此爱得有多深，也终会在误会和不了解中停下脚步。但是如果两个相爱的人能够彼此坦诚，并坦言自己的一切，这个世界就会少很多遗憾、误会，而多许多美满、恩爱的家庭。因此，心理学上把沟通法则定义为婚姻生活中最闪耀的灯塔，因为它无时无刻不在为“爱”导航。

有一对夫妻，丈夫喜欢吃鸡腿，妻子喜欢吃鸡翅，每次吃鸡的时候，老公都会特意把自己认为最好吃的鸡腿夹给老婆，然后自己吃没有肉的鸡翅。久而久之，妻子以为老公最喜欢的是鸡翅，所以每次吃饭的时候都会特意把鸡翅夹出来放在丈夫碗里，然后吃自己并不是很喜欢的鸡腿。

这样持续了很长一段时间，直到有一年，他们的朋友来他们家一起过感恩节，吃火鸡的时候，闺蜜看见妻子一直在吃鸡腿，十分惊讶地说："亲爱的，你不是最讨厌油腻的鸡腿吗？难道你不想维持好身材了吗？真可怕！"丈夫的弟弟见丈夫一直啃着没有肉的鸡翅也很惊讶，"你为什么不吃鸡腿呢？我记得你最爱吃鸡腿的呀，小时候我们还为争鸡腿吵过架呢！"夫妻俩闻言放下手里的刀叉，默默无言，最后竟流泪了，他们终于明白，爱一个人并不是把自己认为好的给对方，而是要了解对方的喜好，给对方真正想要的。

古人曾说："己所不欲，勿施于人。"很多时候，我们自以为是，强加给对方的好，在对方眼里可能并不是爱，甚至可能是负担。虽然因为相爱，爱人并不会斤斤计较，但是长此以往，这并不是好事。两人如果长期缺乏沟通，只是按自己的方式爱对方，反而很容易让婚姻生出疲态，使爱人越走越远。

小爱和大毛结婚多年，但是每天仍有说不完的话，不像有的夫妻每天除了日常的交流，就再也没有其他了。因为经常沟通，小爱和大毛形成了别的夫妻都没有的默契，他们总是能准确地知道对方心中所想。他们了解彼此却从不干涉彼此的生活，有时候大毛因为工作上的应酬晚上回来得晚了，小爱也不会埋怨，因为她相信大毛，只要大毛说是工作，那就一定是在工作。

小爱和大毛的朋友小赵十分羡慕他们结婚多年依旧像新婚夫妻一样，甜蜜得羡煞旁人。小赵和他的女朋友已经交往3年了，本来准备等小赵升职了就结婚，可是最近两人却频繁地争吵，原来因为升职，小赵工作量增加，两人已经很久没有单独过周末了。小赵的女朋友不满，老觉得小赵借着工作在外面找了别人。一开始小赵以为她就是随便说说，便没有解释。但是没想到女朋友变本加厉，并不打算就此放过，每天电话打个不停，只要小赵没接到，晚上回家便会被女朋友冷嘲热讽一番，问他这么卖命，是不是为了赶紧给外面的女人买房。最后小赵实在受不了了，就搬出了两人的公寓。

郁闷的小赵问小爱婚姻保鲜的秘诀。小爱说："哪有什么秘诀，我们只是比平常夫妻说的多一些而已。我们俩婚前就约定过，不管有什么都一定要及时沟通，让对方知道自己想要的，自己也知道对方想要的，只有这样，我们的付出才会真的让对方感到妥帖和温馨。"

两个人由陌生人变成最亲密的爱人，如何为婚姻保鲜，最需要的便是了解对方了。而要想真正地了解一个人，最不能缺少的就是沟通。婚姻生活是靠两个人共同经营的，而婚姻保鲜最重要的就是彼此能够坦诚以对，互相尊重和信任。就像小爱和大毛一样。倘若双方连最基本的信任都做不到，甚至还会不断地猜疑，那么婚姻生活想不亮红灯都难。因为不管你掩饰得多好，你的言语还是会表露出来你的真实想法，而对方一旦捕捉到了这些信息，就会变作一种伤害。时间长了，感情出现裂痕就是必然的，就像小赵和他的女朋友。其实说到底，小赵和她的女朋友之所以会闹成这样，就是因为彼此间沟通不及时造成的。其实，看得出来，他们两个人都想要沟通，但又都不知道该怎么与对方沟通，所以选择了最糟糕的方式：怀疑和攻击，而这样的方式除了使事情更加恶化，导致矛盾上升之外，对两人的关系于事无补。

因此，在没有弄清楚事情的情况下，千万不可随便猜疑。不妨先把事情放一放，找个合适的时间，选一个两人都喜欢的地方，双方都心平气和地说出内心的看法和感受，这时你会发现，事情原来真的很简单。这样一来，压在两人之间的心结会随之解开，阳光会重新洒进心里，生活也会重新甜蜜起来。

要想婚姻保鲜，除了保持沟通，还应该不断地提升自己，多善待自己。尤其是女人，虽然进入婚姻，孩子、丈夫会成为你生活的重心，但是仍旧不要忘了多提高自己，打扮自己，没有哪个男人愿意一回家就面对一个蓬头垢面的女人，即使那个人是自己的老婆。要时刻记住，只有学会爱自己，人才会更自信，才能学会爱别人，才配得到别人的宠爱。

别事事掌控，尊重爱人心中的那点小秘密

倘若有人问你，你有秘密吗？你的回答或许会是“我有”。每个人都有属于自己的私密空间，为承载自己的秘密留下的一块空地，这是每个人心灵中的禁区，任何人不得侵犯。这块最为私密的空间，往往藏在人们心灵的最深处，一旦受到侵害，就会触及一个人的底线。从心理学的角度来讲，这就是秘密效应。

小丹和小芳曾是无话不谈的好朋友，但是最近两人却十分疏远了，原因是小丹不久前找了个男朋友，却没有第一时间告诉小芳，直到小芳在食堂撞见两人才知道了这件事。小芳觉得小丹不厚道，自己什么都跟她说了，她却对自己掖着藏着。但是小丹觉得两人虽然无话不谈，但是谈恋爱是很私密的事，而且自己跟对方还没有稳定，所以不对她说并没有不对。就这样两人渐渐疏远，最后从闺蜜变成了普通同学。

这种情况在生活中其实很常见，每个人性格不一样，所以内心的坚持也大不相同。或许，在每个人的内心深处，都有一处隐秘角落，都有属于自己的秘密。有秘密是每个人的权利，我们又何必总是对别人的秘密好奇呢？

苏墨和白羽都是一家外企的业务员，白羽人如其名，又白净又漂亮。苏墨对白羽一见钟情，进而展开了猛烈的追求。送花、唱歌、吃饭，轰轰烈烈追了一个月，闹得连白羽小区住的大妈都快能一眼认出苏墨的时候，白羽终于羞涩一笑，答应了苏墨的追求。

两人谈了3个月甜蜜的恋爱之后，苏墨便顺理成章地向白羽求婚了。两人结婚后，为了避嫌，白羽便辞职做起了家庭主妇，一心一意在家照顾老公和孩子。本来日子和美，应该越过越好，但是两人最近却闹到了要对簿公堂的地步。原来白羽自从辞职在家以后，空闲的时间也多了起来，每天上网看各种八卦新闻、家长里短，看着看着便联想起自己的生活了。白羽开始像故事中的那些女人一样，不厌其烦地查老公的账单、电话，每天24小时只要老公不在家，便会随时连环夺命call。只要老公不接电话或接电话的时候含糊其词，便会不得安宁，

自己想很多。一天，苏墨在外地和客户开会的时候，实在受不了手机一直响个不停，索性关了机。回到家，白羽果然急了，苏墨大吼："我也是人，难道我要一天 24 小时向你报备吗？你累不累！"说完便摔门出去了。苏墨想不通，白羽以前那么善解人意，现在怎么会变这样。白羽也不能理解，求婚时说好对自己百依百顺的苏墨为什么变了。

生活中，像白羽这样的女性其实不少。或许是因为现实的社会风气无法带给她们安全感的缘故，她们总是希望把自己的老公牢牢地握在自己的手心里，掌握他们的行踪，对他们的一举一动都了如指掌。可是，每个人不但是家庭的，还是社会的，即便是法律上的合法夫妻，对方也不可能完全成为自己的私有财产，他还有自己的工作范围、交际范围，倘若你干涉得太多，无疑就会侵入他的禁区。

夫妻相处，不管是男人还是女人，都要给对方保留自己隐私的机会。不管是多么亲密的人，都有不愿跟别人倾吐的秘密，都有想要一个人静静待一会儿的时候。多留点空间给爱人，并不是纵容或者不爱，而是对彼此最基本的尊重。因为他首先是人，是个独立的个体，而后才是你的老公。只要他对你足够忠心，对你足够重视，就多留点儿空间给他，让他也有自己的小秘密吧！

不管是多亲密的夫妻，都不要把自己所有的时间和精力都放在对方身上。把自己的幸福压在别人身上，这绝不是对对方的爱，相反，这其实是十分不理智的，会造成对方无形的压力。除了给对方保留隐私的权利，我们自己也应该给自己的生活找一些乐趣，学会爱自己。人只有自己爱自己，才能学会爱别人，才能变得更加自信和有魅力。

留下良好的第一印象，让他人愿意与你交往

第一次和人交往的时候，一般这个人映入人们眼帘的那一刻起，就形成了第一印象。在往后的交往过程中，人们对此人的第一印象会影响对其的各种评价。第一印象非常重要，在人们心里保持的时间也最长，这比之后得出的信息对整个事物发挥的作用要强出很多倍。在社交心理学中，这被称为“首因效应”。

在社交活动里，第一印象特别重要。大多数时候，借助第一印象，我们就可以决定是否要和这个人深交。因此，在和人第一次见面的时候，如果多给对方留下正面而良好的印象，那么对方就更喜欢和你继续交往；如果情况相反，那么对方很可能再也不想与你有任何交流。因此，日常生活中一定不要忽略第一印象的重要性。

张全友是一家公司的人事部经理，临近年关，公司人员变动较大，张经理接到公司安排，在年前招聘两个业务员。张经理迅速安排秘书在网上发布了招聘广告，一周后，张全友从投简历的人中挑了两个人参加最终的面试。

面试当天，第一个到的是小姜，小姜有两年的业务员经验，但是学历不是很高。张经理和另一个部门主管对小姜进行了面试。虽然面试过程中能看出小姜的羞涩与紧张，但是面对专业知识，小姜都对答如流，渐渐地整个人也自信了起来。而且小姜很有礼貌，就连对待倒咖啡的文秘也十分客气。张经理问了几个问题之后，便让人带他去实操室，考察他的业务能力。

趁着小姜离开的空当，张经理和另一个主管面试了第二个应聘者小刘。小刘是正规名牌大学毕业，简历也十分亮丽。刚进屋，小刘就对后面试表现出了

极大的不满，张经理极力地安抚了他一番。面谈中，小刘对自己的学历和获奖经历侃侃而谈，完全没有给张经理和另一个主管说话的机会。面谈结束，张经理什么都还没说，小刘已经开始不耐烦地一边看表，一边说："会录用我吗？不会的话，我就去下一家公司面试了，我可是很抢手的。"简直盛气凌人。张经理强忍着说了句："等通知！"

最后小姜被录用了。说实话，论学历、论能力，小刘都不在小姜之下，他输就输在了给人第一印象太差，小刘给人的第一印象是骄傲自大，而他自己却全然不知。对于职场人士而言，面试是非常重要的事，也是人生的重要转折，许多成功的人生船舶就是从这里起航的。如果表现很好，对方就希望能对你有进一步了解，你也就有机会进入这家公司工作。如果第一印象不好，公司就会将你拒之门外。

细节常常表现出一个人的习惯，习惯又体现了一个人的品位，品位则是衡量社交能力的重要标尺。而这一切都需要第一印象来体现，从细节处注意自己留给人的第一印象，你将收获更多的交际机会。

朋友之间需要经常走动

1876年，心理学家费希纳在研究中发现，人们看到熟悉事物时，会生出一种如沐春风之感。在心理学上，这被称为曝光效应，也叫作多看效应、接触效应与暴露效应等，它表明人们更乐意看见自己熟悉的画面。在社会心理学上，这种效应被称作熟悉定律。

在日常生活里，我们常常产生这样的感觉，多年朋友因为太久没有联系，感情就会变得生疏，家中亲戚由于不住在同一座城市，加上缺少频繁走动，彼此之间的关系就因为空间距离而变得没有以前亲密。我们日常所说的"远亲不如近邻"也正是这样的道理，邻居之间从陌生到熟识，再到比远亲还亲近，就是因为彼此之间见面机会更多，接触更多，品性更了解，也就更愿意交往。这种现象体现的就是人们的熟悉心理。因此，如果想要和某人像过往一样保持较为亲近的关系，就要经常走动，加强彼此之间的联系。

邓楠是一名超市收银员，韩美美在一家餐厅工作。邓楠是勤快的上海男人，而韩美美则是泼辣的四川妹子。两人互不相识，且八竿子打不着，但是最近他们却喜结良缘，成了一对甜蜜的小夫妻。

邓楠所在的超市就在韩美美工作餐厅对面的这条街上，一次韩美美给餐厅的采购人员帮忙，一起去超市拉货，两人第一次有了交集，但也仅限于收钱、找钱，没什么很大的印象。后来，韩美美和同事去的次数多了，便开始对这个礼貌又不失风度的男人有了很深的印象，平时除了餐厅需要，自己下班也会拉着餐厅的小姐妹跑到超市去买点生活用品或者小零食，和邓楠乐呵呵地打招呼，时间久了邓楠也对这个乐观的女孩有了朦胧的好感。

一次，韩美美去超市买泡面当晚饭，邓楠见了便提醒她说："泡面吃多了对胃不好，女孩子还是应该吃一些清淡有营养的东西。"韩美美瞬间就觉得很暖心，对邓楠的好感也越来越多。因为这件事，两人的交集渐渐多了起来，一次韩美美又来超市买泡面，正好邓楠下班，于是邓楠便让韩美美放下泡面，和她一起去吃了晚饭。

其实在韩美美有意地到邓楠超市晃悠的这段时间，也有人曾给邓楠介绍过几个不错的姑娘，韩美美的姑姑也给韩美美安排过两次相亲。但最终还是这个每天都会见面的身影胜出了，两人顺利地走到了一起。

或许韩美美并不懂心理学，但她的行为却十分符合"曝光效应"。她最终能够成功和自己喜欢的男孩牵手，正是因为她不断增加了自己在邓楠面前的"曝光"次数，他们才能从陌生走到熟悉，最后有情人终成眷属。

可见，在人际交往里，如果想要增强吸引力，必须提高自己在他人面前的"曝光率"，加强他人对自己的熟悉度，才可能让他人更喜欢你，更愿意与你交往。

想要让曝光效应发挥效果，第一印象也是非常重要的。想一下，一个人第一次见面就让你非常反感，那么之后不管你们见多少次，也很难发生曝光效应，反而会更加反感。因此，如果你觉得给人的第一印象还不错，还想与对方继续交往，那么，在之后的时间里，经常在他面前“露露脸”可以简单又有效地增进你们之间的关系。

熟悉能够产生美，而美则可能诱发喜欢。同时，熟悉也可能诱发喜欢，而喜欢让我们觉得对方更美，这就是曝光效应的作用。因此，若想吸引喜欢的人的注意力，就在他面前多多曝光吧。

“跷跷板”如何维持平衡

著名的社会心理学家霍曼斯曾说过这样一段话：“人际交往在本质上是一个社会交换的过程，即相互之间给予对方想要的。”有的人将这种交换叫作人际交往的互惠原则。事实上，人与人之间的关系就和玩跷跷板一样，和平相处就可以保证彼此的关系可以一直友好地保持下去。只要两人之间的交换出现不平等，就会和跷跷板失去平衡一样，关系也就紧张起来。这就是心理学中著名的“跷跷板定律”。

许多人不能在日常交往中和人建立起正常的交际关系，就是由于不明白“跷跷板定律”。如果你只是一直想着自己的感受与想法，将他人感受抛之脑后，那么，时间一久，你身边的人就会渐渐离你远去。

心理学家还指出，“以自我为中心”也是人际交往中的一大障碍，它常会阻碍人际关系的正常发展。以自我为中心的人，总是将自己的兴趣与需求放在第一位，只在乎自己的利益与得失，而从不关心别人的感受。不管何时何事，他们都只会站在自己的角度上去思考与理解，盲目坚持自己的态度与意见。因此，这种人最后基本都是孤家寡人，没什么真正的朋友。

胡泰毕业于名牌大学，上学期间更是获奖无数，毕业之后，胡泰出国留学了两年，拿到了硕士学位。回国后，胡泰顺利进入一家五百强的企业上班，这一切都太顺利，让他不禁充满了优越感，想着进入公司自然而然会成为同事中的佼佼者。

但正式上班后，事情的发展却完全不是他预料中的那样。公司的同事似乎并不买他的账，进公司一个月了，不只没有人来向他这个高才生请教问题，而且大家好像都在有意避着他，这就让胡泰在公司的人缘更加不好了。

一天下午，胡泰的同事李晓东因为爸爸妈妈从老家来看他，所以要提前离开去车站接父母，便拜托胡泰帮忙处理一下还没做完的事情。

“我晚上还有别的事，你还是自己做吧！”胡泰一口回绝了他。

“什么人呀，我上次还因为你女朋友来和你换班了！”李晓东十分不满地说，最后还是另一个同事主动请缨，才化解了尴尬。李晓东十分感动，不仅和那位同事成了很好的朋友，而且有什么事都会主动帮忙。

这件事之后，关于胡泰的议论渐渐地多了起来，最后都传到了胡泰本人耳朵里。“这都什么人呀，老是让我帮他带饭，我让他帮我顺便带一杯咖啡，他都不愿意。”“他还经常指使我帮他印资料，跟个少爷似的，我又不是他下属。”“完全不知好歹呀，这人，我都帮他接了好多次电话了，但是他就在我旁边，我的电话响了，他就当没听见！”……

直到这个时候，胡泰才意识到自己在同事眼里原来是一个这么自私的人，而且他还发现，同事也都很优秀，根本不逊色于他，所以他根本没有什么值得骄傲的。

从这以后，胡泰就像变了一个人似的，遇到同事会主动打招呼，他开始试着去了解每一位同事，只要有人需要帮助，他都会第一时间站出来。渐渐地，跟他打招呼的人越来越多，下班找他聊天的人也多了不少，周末同事出去玩也会叫上他。

有人认为，人生来都是自私的，只不过程度不一样罢了。但是心理学家认为，自私能够被划分成有意或者无意的。有意的自私是人的性格，比如那种喜欢占小便宜、斤斤计较的人，这种人的人生观、价值观已经被定位在自私的框架上，人格发生了扭曲。但是那些无意的自私，则是缺少社交技巧的问题。

但是我们必须清晰地意识到，不管是性格因素，还是缺少社交技巧，每个人在日常交际过程中，都必须意识到对等的重要性。人们的关系就像坐跷跷板，只有保证双方之间的平衡，让彼此都可以轮流翘起来，才可能继续玩下去。如果两者之间的平衡被打破，那么两者之间的关系也会随之结束。这时，最明智的行为就是减少自己的“重量”，并且把减少的部分送给对方，以方便日后自己可以再次被翘起来。

与人交往时，如果只是一味地想要得到，只会让身边的朋友渐渐离我们远去，只有遵循互惠原则，相互付出，我们才能得到平等的、完整的友谊。

达成合作，实现共赢

社会心理学家认为，人们生来就具备竞争的天性，每一个人都希望自己可以更加优秀，可以超越别人。因此，当面对利益冲突时，人们会毫不犹豫地选择竞争，即使最后的结果是两败俱伤也在所不惜。有时候，双方原本是关系很好的合作伙伴，只因利益分配不均，就闹得鱼死网破，导致分道扬镳，放弃了更为有利的合作关系，转为竞争。这一现象，被称为心理学上的“竞争优势效应”。

在心理学上有这样一个经典的实验，所研究的就是人的竞争心理。心理学家先让参与实验的学生分成两人一组，各自写下自己想要获得的金钱数额，两人写之前是不可以商量的。如果两个写下的金额总和比 100 元小，那么，这两个人都可以得到他们在纸上写的金钱数额；若是两人数额相加超出 100 元，那么他们就要支付这些钱给做实验的人。

实验结果是，大多数学生都要付给心理学家钱，能够在纸上写下金额之和小于 100 元的人少之又少。

这个实验告诉我们，人们的竞争意识是与生俱来的。但是，竞争仍然包括两种完全不一样的心理——积极的竞争心理与消极的竞争心理。积极而健康的竞争心理对激发自身潜能有利，可以将竞争转为进步的动力；消极且不健康的竞争心理很可能给人带来毁灭性灾难，这种心态的人常常会有“我如果不好过也不会让你好过”的敌对心思，最终导致两败俱伤。

大家都知道肯德基与麦当劳这对老冤家。它们都是世界餐饮行业中的翘楚，都代表着一个难以企及的高度。麦当劳拥有 3 万多家门店，是世界第一的快餐巨头，肯德基拥有 1 万多家门店，是全球第二、中国第一的餐饮帝国。

麦当劳和肯德基都是卖快餐，双方在公关、广告、商品种类上一直不相上下，只要一方出新产品、请新的代言人，另一方肯定会推出更划算的套餐、拍新的宣传片。它们都视对方为最重要、最直接的竞争对手，都会使出浑身解数面对每一次的竞争，以至于最终势均力敌，都在中国市场都取得了不俗的成绩，他们没有陷入同质化进而互打价格战的恶性竞争中去，却各以各的方式提升了自己的竞争力，竞争的结果是实现了双赢。

良好的竞争，能够带给企业动力，使其得到长远发展，也可以使个人得到进步。在现代企业管理中，如果管理者善于运用良性竞争的手段调动员工的工作积极性，激发员工的工作潜能，那么，在这种良性竞争的环境中，企业总体效益将会得到大幅提升。这种竞争很显然就是一种积极的、健康的竞争，其最终的结果往往是利人利己，使双方都得到长足的发展。当然我们也不能否认，现实生活中有着不少“损人不利己”的不良竞争的例子。

陈某是汤山镇某村的村民，为了生计，他在自己家门口搭了个棚子，做起了小吃生意。但是小店开了快半个月，生意却一直没有起色。后来他发现村口也有一家小吃店，生意红火，过往的顾客络绎不绝。陈某顿时心生妒意，借着去村口小吃店吃饭的机会，在小吃店盛粥的锅里投了毒，造成 3 人死亡、数人中毒住院的恶果。他自己最终也因为事情败露，被判无期徒刑。

陈某的竞争心理显然是不健康的，他眼见别家的小吃店比自家的红火，非但没有积极地找出自己不如人的原因，然后设法改进，以招徕顾客，反而是为了达到自己心理上的平衡，处心积虑地陷害竞争对手，以至于伤及无辜，最终导致了悲剧上演。

良性竞争能够让我们时刻保持头脑清醒，具备足够的危机意识，一刻也不敢放慢自己前进的脚步。我们应该感谢竞争对手的存在，正是由于竞争对手的虎视眈眈，才保证我们在日益激烈的社会竞争中不会惨遭淘汰。

然而，竞争虽然能够令人不断进步，但是也要懂过犹不及的道理，消极的竞争心理容易使人陷入恶性竞争循环之中，正如实验中描述的学生一样，最终人财两失，不仅得不到自己想要的，还可能失去之前拥有的。要想共同进步，达成双赢，还必须通过合作的方式，这才是交际之道。

有时候，一味的索取并不一定增加自己的利益，很有可能得不偿失，适度地“损己利人”，在合作过程中反而会得到意想不到的收获。

言多必失，把谈话的主动权交给对方

心理学上对于人际关系有“人际吸引”这一说法，即指交往的过程中，人们之间的相互吸引。人际吸引是在与人交往的过程中所形成的一种特殊的态度，是每个人对他人给予积极、正面评价的倾向，也就是说，人与他人主动交往时，不仅是对自己心理需求的满足，也满足了别人的心理需求。

当然，并不是所有的人际交往都会产生人际吸引，有些人初次见面就会产生厌恶之感。要想提高个人在人际交往中的吸引力，调节不融洽的人际关系，是有法可循的。

张法和李明是从小一起玩到大的朋友，进入大学之后，李明在学校里面混得风生水起，交了很多朋友，这让张法十分羡慕。

国庆节，学生会组织举办了交谊舞会，张法到的时候，正好看见李明在和最近十分受欢迎的一个学妹热聊，两人看上去都十分开心。张法很好奇，便在一边静静地观察。

第二天中午，张法和李明一起吃午饭的时候，张法终于忍不住好奇，问道：“昨天看你和学妹聊得十分开心，她可是出了名的‘难搞’，你是用什么‘法术’搞定她的？”

“‘法术’，你为什么会这么问？我只不过是称赞她今天的打扮很漂亮，问她是不是经常看时尚节目。她很开心地说最近的确有一档很吸引她的时尚节目，接下来的两个小时，她一直在跟我说她对时尚的见解。”

“真的这么简单？”张法觉得不可思议。

“真的。”李明十分肯定地说，“我们离开的时候，还互相留了电话，我今天晚上的约会就是跟她的，她说跟我在一起很愉快，约我一起吃晚饭。要知道，昨天晚上整整两个小时，我都在听她聊自己喜欢的时尚，不曾打断过她。”

这就是李明人际交往的致胜“法术”——“聆听”。

人们常说“酒逢知己千杯少，话不投机半句多”。其实是有道理的，而人与人之间之所以话不投机就是因为彼此之间了解得不够。所以在对对方的工作、生活、兴趣爱好等了解得不够透彻的情况下，聆听就是最好的接近对方的方式。语言是表现一个人性格的最好的明信片，通过语言，你可以对对方做更进一步的了解。先了解，再开口，就可以大大降低语言失误的概率，这对你的人际交往来说，绝对是一个良好的开端。

张芳是个性格十分大大咧咧的女孩，说话做事都很直接，任何人和她见面，不到半天的工夫，她就已经把对方当成多年的好友似的，大开对方的玩笑。不过张芳也有一个很不好的毛病，就是总是不听对方把话说完。

张芳和李璇是初中同学，大学正好在一个城市，便约了周末一起逛街。小贝和李璇是一个宿舍的，周末了，便跟着李璇一起去找张芳玩。

张芳一见到李璇和小贝便来了一个热情的法式拥抱，三人在餐厅坐下后，李璇有事去了卫生间，张芳便换了个位置坐到小贝旁边，拉着小贝热络地聊了起来。小贝性格很内向，又十分害羞，第一次见面就被张芳这样拉着手天南海北地聊天，她实在是有些别扭，而且张芳说话实在太直接，她们又不是很熟，她实在是不习惯。最后她实在没办法，找了个借口逃之夭夭了。

李璇从厕所回来，看到小贝不在，便问张芳怎么了。张芳说刚刚正和小贝聊男女朋友那点事，还没说完，小贝就走了，真是没礼貌。

“你干吗跟她说这个呀，小贝刚跟她处了几年的男朋友分手，你这不是往人伤口上撒盐吗？”

“是吗？你们也没提前告诉我呀！”

“你给我们机会说了吗？”

从那之后，李璇和小贝再也没有跟张芳联系过。其实，不管从人格还是从道德的角度出发，都不能武断地说张芳就是个坏女孩，因为她对待朋友慷慨大方，而她的朋友们像避瘟疫一样躲避她其实都是她那张不会说话的嘴巴造成的。俗话说：“言多必失。”并不是所有的话都能按原意传进别人的耳中，即使是好话也可能让人听出不一样的意思，不合时宜的“好话”同样会让人难堪。因此，你最好在开口之前先学会倾听。

人际关系定律在社会心理现象中属于比较复杂的一类，除了人际吸引的临近性、一致性、对等性、互补性等特点会对它造成影响以外，每个人在具体的交往活动中所得到的不同的感性认识也会造成相互理解的偏差。但是，不管是什么时候，在什么社交场合，先聆听、后诉说都是你提高人际交往能力的好方法。

人们常说的“多做事，少说话”，其实就是在提醒人们“言多必失”。这并不是说话多这件事本身有什么错，而是由于每个人的阅历、经验和世界观不同，所以即使是相同的事情，大家也会有不同的见解。简而言之就是你说的好话，别人并不一定认为是好话，甚至可能理解成坏话，造成误解。所以为了提高自己的人际交往能力，多聆听、多了解别人绝对是没错的。

别太强势，每个人都有自己的喜好

投射效应，说的就是“以己度人”，即人们一般觉得自己喜欢的东西，他人也会喜欢，而且自己不喜欢的东西，别人也会讨厌。投射效应经常会让人们将自身的意志、情感与特性强加到其他人身上。

心理学家曾做过一个实验；他们找来了 100 位在校的大学生，问他们愿不愿意在背上背一块牌子在校园走动。其中 64 名学生愿意背着牌子在校园走动，他们认为这并不是难事，大部分同学应该都愿意这么做。剩下的 36 名同学拒绝背着牌子在校园走动，他们认为这是不正常的，应该只有少数学生愿意做这件事情。

人们在对别人的认识过程中，一般都会主观认为他人会和自己有相同或者相似的看法与偏好，如果对方的年纪、性别与阅历等方面和自己很像，大家就会在潜意识中将对方看作自己的影子。这时候，就非常容易引发投射效应。除此之外，投射效应还有一个非常大的缺点，就是如果自己遭遇了不开心的事，很容易将问题与矛盾放到别人身上，以求心理平衡。

一位 12 岁的小姐姐假期带着刚进幼儿园的小弟弟去逛街，小弟弟一路哭闹个不停，小姐姐实在没办法，便把他带到一家书店去看漫画。小姐姐想这些漫画的内容就跟动画片一样有趣，这下小弟弟该开心了吧！但是进了书店，小弟弟并没有安静下来，小弟弟看了一圈，哭得比刚刚更厉害了。

小姐姐不耐烦了：“你是怎么回事？这些漫画书多好看呀，你为什么还要哭？”说着就蹲下身准备拉着小弟弟离开。回到家，小姐姐把小弟弟在外面的表现跟奶奶说了，奶奶笑着说：“小弟弟看动画片，只是因为他喜欢看会跑会动的小动物。但是不管漫画多漂亮，他都没办法把它和动画片联系起来，毕竟他才 3 岁嘛！”

小姐姐的做法，很显然就是一种投射效应，她觉得小弟弟喜欢动画片，所以肯定也会喜欢和动画片风格一样的漫画，但是却忽略了小弟弟还是一个 3 岁的孩子，根本不懂这么多。

“横看成岭侧成峰，远近高低各不同。”每个人的立场不同，思考问题的角度也不同，而得到的结论也千差万别。除此之外，因为年龄、性格、经历等因素的差别，对于同一客观事物，不同的人的认知也会有很大不一样。因此，只站在自己的角度去猜测别人的想法，是无法真正了解他人内心世界的。

如果一直把自己的情感强加到他人或者客观事物上，就会一直觉得自己喜欢的人或者事物是好的，自己讨厌的人或者事物是差的，最后深陷主观臆断之中，无法自拔。心地善良的人常常觉得自己生存的世界非常美好，周围的人也都非常善良；但是多疑敏感的人常会“以小人之心，度君子之腹”，觉得每一个和自己交往的人都不怀好意；那些自我感觉良好的人就会认为自己在他人眼中是非常优秀的，这些错误的认知都是因为投射效应。

总而言之，投射效应带给我们的启示是，社交过程中千万不能以己度人，如果这样做的话就会对他人的行为做出错误判断，致使交际失败。

投射效应是人际交往中非常常见的一种心理现象，严重者极易沉浸在自我的世界里，错失许多优秀的朋友。因此，在日常交往中，切忌对朋友说“我认为这个好，你不能提任何异议”之类的话。

再好的关系也需要维系和经营

我们和陌生人交往的时候，总会非常拘谨，因此，更喜欢和熟悉的人交流。两人之间，由于物理空间的接近，见面机会增多，也就更方便熟悉。如此一来，为大家彼此之间的交往创立了客观环境条件。时间久了，人与人心灵上的空间被拉近了，彼此也更加熟稔。

俗话说得好：“远亲不如近邻。”正是因为和邻居接触比较频繁，交往比较多，所以日渐熟悉；远亲因为物理空间隔得比较远，接触机会比较少，时间长了，关系就生疏了。这一现象，被称为心理学上的“邻里效应”。

美莱是一家外贸公司的职员，在公司，美莱是个人人都羡慕的人物，因为她不仅长得漂亮，而且一进公司就当上了总经理的秘书，所以经常会有同事来恭维她。“你看看你多好呀，离老板最近，不像我们，老板可能都不知道我们名字呢，你肯定是升职最快的。”

同事的这些话确实也让美莱高兴了一阵子。美莱家境优越，父亲是商人，母亲是教师，美莱从小就长得十分漂亮，所以身边从不乏献殷勤的男生。在这样的环境中长大，又有这样的条件，所以美莱从小性格就十分孤傲，不喜欢主动迎合别人，更不喜欢主动说奉承话。开始工作之后，她也知道应该和老板处理好关系，但她就是说不出口，本来在别的同事眼里很正常的话，到了她这，她就觉得这是趋炎附势了。

一开始老板还会率先打破沉默，主动和她聊天，说一说生活中的见闻。可是渐渐地老板便不再主动找她聊天了，就算说话也仅限于工作内容。办公室的气氛直线下降，美莱觉得很压抑，她很想主动打破沉默，但是话到嘴边就是说不出来，导致现在和老板的关系陷入僵局。

美莱并不是不友好，也并不是不懂得与领导搞好关系的重要性，只是她多年的习惯让她无法在短时间内运用好“邻里效应”。工作中的同事跟我们的关系，比起邻里来更要亲密许多，彼此间的空间距离有时短到只是一层挡板相隔。

很多人说自己不是不喜欢与人交往，而是像故事中的美莱一样，很害羞。因此，很多年轻人并不懂得如何主动与人保持联系。其实，与人交往很简单，只要你一句真诚的问候和招呼，彼此间的陌生感就会慢慢消融。

对蕴藏于“邻里效应”背后的社会感染机制，我们应当采取分析态度，既要善于强化良性“邻里效应”，为自己与“邻里”双方扮演社会角色服务，也要注意防止恶性“邻里效应”对自己和他人的影响。

第 13 章　工作中微心理：洞悉职场达人微行为的真意

眼为心门，通过眼神读懂他人心理

我们常说："眼睛是心灵的窗户。"在职场中，识别一种无声语言更重要，那就是眼神。在日常工作中，上司与下属之间的眼神交流，更能无声地传达出彼此之间的关系如何、默契度如何。心理学家认为，眼睛是心灵的窗户，眼神则能传达一个人的心理，比如，一个人在表达反感或仇恨的时候，其瞳孔会缩小，还会透露出刺人的目光；反之，一个人对某件事情怀有极大的兴趣，则会睁大眼睛，以此表示赞同和好感。作为下属，要想轻松理解上司心理，就要学会判断上司的眼神。即使是高高在上的上司，他们也有喜怒哀乐，他眼神所传达的意思不可能与平常人相差得太远，只不过，由于身份或地位不同，上司对下属的眼神会有一些特别的含义，作为下属，则应该学会判断上司的眼神，进而轻松理解上司的心理。

在工作中，与上司沟通时，与上司保持眼神接触，并对其眼神进行解读是很有必要的。从生物学上看，眼睛是大脑露在外面的器官，它与脸部是身体最具有沟通能力的部分。而眼神是运用眼睛的神态来表达情感、传递信息的无声语言。在面部表情中，它是最生动、最复杂的表情。一般而言，在面对面的沟通中，眼神接触通常占全部时间的 50% ~ 75%，它的作用不亚于声音。因此，身处职场的我们，必须领会上司眼神的含义，如果我们能读懂上司的眼神，也就了解了上司的心理。

去年年底，由于业务量很大，职员们的工作十分紧张，小瑞也投入到了那紧张的工作中。

有一天早上，老总突然召集大家开会。办公室里，老总对每一位进门的人都点头示意，但唯独小瑞进门的时候，老总将头扭了过去。小瑞暗叫不妙，心想老总对我有成见了。果然，会议上，老总提出了一两个问题之后，就保持沉默，弄得大家都紧张兮兮的。半个小时后，老总才将目光尖锐地扫在小瑞脸上，说道："我对小瑞提出严厉批评，你知道吗？你昨天的品牌策划书竟连人家公司的名字都写错了，今天对方发传真过来了，说对我们的能力表示怀疑。"小瑞终于明白为什么进门时老总没看自己了。

眼神中除了能看出上司与下属，权力与依赖的关系之外，还能揭示出更多的东西来。上司在说话的时候，眼神不看你，这可是一个坏迹象。他看都不看你一眼，目的就是想用不重视来惩罚你，说明他不想评价你。

那么，我们如何才能读懂上司的眼神呢？

1. 上司的眼神所代表的含义

如果上司友好地看着你，甚至，不时地眨眨眼睛，那表示他对你这次的工作评价较高，或许请求你原谅他的过错；上司在说话的时候，从上到下打量你，则表明他占据优势地位，拥有着支配的权力；如果上司用锐利的眼光盯着你，那表示他内心并不相信你，希望你能说真话；上司说话时，目光却看向其他地方，那表示他不想与你交谈下去，想尽早结束谈话。如果上司闭上眼睛或者根本不看你，那有两种可能：一是他不想评价你，想用不重视你来惩罚你；二是他对此感到心烦或厌倦。

2. 领悟眼神背后的潜台词

有时候，上司的眼神加上语言表达，有可能所表达的却是另外一种意思。比如，上司经常会说"你看着办"，这时，如果你仔细观察他的眼神，你会发现，这句话根本不简单。如果上司是以喜悦的眼神，那潜台词则是"你的想法不错，看情况自己把握就行了"；如果上司是愤怒的眼神，那潜台词则是"上次的事情就没办好，这次可不要马虎大意，按照我的要求去办"；如果上司是悲哀的眼神，那潜台词是"反正没什么希望了，你想怎么办就怎么办吧"。

俗话说得好："爬上窗台就不难看清屋中的情形，读懂人的眼神便可知晓人们的内心状况。"心理学家分析，下属习惯揣摩上司的心理，除了要摸透上司的真实意图，希望做好工作之外，还有一个原因就是不自信和缺乏与上司沟通的能力，所以，他们对上司的心理总是猜来猜去猜不透。其实，如果你能读懂上司的眼神，就不难读懂其心理了。

小小办公桌，透视同事心理

在工作中，每天都离不开各种各样的物品，从小的方面说，有可能是一支铅笔，一个杯子，从大的方面说，有可能是属于自己的一张办公桌。通常情况下，每个人收纳物品的方式都是不一样的。有的人总是喜欢把一件一件的物品收拾得整整齐齐，有条不紊；而有的人就喜欢做表面功夫，整体上看比较规矩，但有些隐藏的地方就会发现杂乱的物品；还有的人根本不喜欢收纳物品，他们习惯于乱放乱拿，于是常常会翻箱倒柜寻找一份文件。在办公室里，每个人都有属于自己的一张办公桌。那么，在同事们的那一张张办公桌上，如果你能够仔细观察的话，就可以发现隐藏在其中的秘密。通过办公桌上所呈现出来的种种表象，能观察到同事做事的条理性。

下面心理学家详细介绍几种常见的办公桌摆设，从中看出同事的条理性，达到半分钟识破同事心理的目的。

1. 整整齐齐

不管是家里的桌面上，还是抽屉里，都是整整齐齐的，各种文件都放在该放的位置上，让人看起来有一种相当舒服的感觉，这表明办公桌的主人办事是极有效率的，他们的生活也很有规律，该做什么事情，总会在事先拟订一个计划，这样不至于出现措手不及的难堪。

心理学家认为，他们很懂得珍惜时间，不喜欢做浪费时间的事情，他们总是能够精打细算地用不同的时间来做更有意义的事情。他们一般都有很高的理想和追求，并且一直在为此而努力。但是他们习惯了依照计划做事，所以，一旦有意料之外的事情发生，他们常常会感到不知所措。因此，他们的随机应变能力稍微差一些。

2. 在办公桌放一些照片或纪念性的东西

有的人习惯在办公桌上放家人的照片，这类人一般性格比较内向。心理学家表示，他们不太善于交际，所以朋友不多，但仅有的几个却是非常要好的。他们很看重和这些朋友的感情，所以会格外珍惜。他们大多都有一些怀旧情绪，总是希望珍藏下一些美好的回忆。但他们比较脆弱，容易受到伤害，而且做事也缺少足够的恒心和毅力，常常会在挫折和困难面前不战而退。

3. 乱七八糟

有的人的办公桌看上去乱七八糟的，心理学家表示，这样的人条理性比较差。不过，待人亲切、热情，性格也很随和，做事通常只凭自己的喜好和一时的冲动，三分钟热情过后，可能就会自然而然地选择放弃。他们大多缺少深谋远虑的智慧，不会把事情考虑得太周密，也没有什么长远的计划。但是他们拥有比一般人较强的适应能力。他们虽然拥有积极乐观的生活态度，但太过于随便，不拘小节，经常是马马虎虎，得过且过。

4. 按一定的规则布置办公桌

在办公桌上，所有的物品都按照一定的次序和规则放好，整齐而又干净。心理学家认为，这一类型的人工作很有条理性，有很强的组织能力，所以办事效率比较高。他们具有较强的责任心，凡事都小心谨慎，避免发生失误，态度相当认真。这样的人虽然可以把自己的本职工作做得很好，但是有点儿墨守成规，缺乏冒险精神，所以不会有什么开拓和创新。

5. 表面整洁，抽屉却很乱

有的办公桌看上去收拾得很干净、很整洁，但抽屉内却是乱七八糟。心理学家认为，这样的人虽然有足够的智慧，但往往不能脚踏实地地做事，他们喜欢要一些小聪明，做表面文章。在表面上看来，他们有比较不错的人际关系，但实际上，却没有几个人是可以真正交心的，他们也是很孤独的一群人。他们性格大多比较散漫、懒惰，为人处世方面不是十分可靠。

6. 物品摆放很随意

在办公桌上，东西总是这里放一些，那里也放一些，没有一点规则。心理学家认为，这样的人大多做起事来虎头蛇尾，总是理不出个头绪来。他们的注意力常常被一些其他的事情分散，从而无法集中在工作或学习上，因此也很难做出优异的成绩。他们也想改变自己目前的这种状况，但是自我约束能力很差，总是向自我妥协，事后又追悔莫及，可紧接着又会找各种理由来安慰自己。

7. 办公桌看上去像乱摊子

有的人的办公桌看起来更像是乱摊子，如果需要找一样东西，往往要把所有的东西全部翻个遍，到最后可能还是找不到。这样的人工作能力差，效率极低，他们的逻辑思辨能力非常糟糕，也多缺乏足够的责任心。

心理学家认为，办公桌整理得怎么样，对方就有什么样物品的摆放，从办公桌物品的摆放，可以看出主人的真实面目。从某种意义上说，办公桌是我们办事条理性最直接的显示屏。对每一位待在办公室的人来说，办公室就像是一个大熔炉，其中，人际关系很复杂。不过，要想识破同事的心理，有一种最简单的办法，能让我们轻松判断一个人的个性，那就是办公桌物品的摆放方式。

等电梯时大家都在干什么

每天早晨，我们总是忙忙碌碌地从城市的各个角落赶往公司，虽然，在这个路途中必然会经历拥挤，但上司才不会管这些，办公室里的打卡器依然在等着我们。如果迟到，那将意味着我们失去了全勤奖，所以，在上班路上，大家总是一副急匆匆的样子。紧赶慢赶，终于赶到办公大楼，于是，我们可以在拥挤的电梯门口松一口气了。在这时，你或许会碰到办公室里的同事，或许还会碰到上司，但是，谁也没有留意到自己或同事的行为动作，他们光顾着打招呼了。对此，心理学家说：“人们在电梯门口时的一些行为、言语，从某种程度上透露了他们的内心世界。”所以，不要错过电梯门口的秘密，在松口气的同时，观察同事们的姿势，可以摸索其潜在的真实心理。

早上，小雅急匆匆赶到了办公大楼，这时，离上班时间还差 5 分钟，小雅在心里祈祷:“希望自己能有一个好运气，电梯正好下来。”谁料，赶到电梯那里，发现满是拥挤的人群。小雅累得气喘吁吁，这时，站在旁边的同事已经向自己打招呼了:“小雅，你来了”“小雅，站这里，这里还有个位置”。

小雅一边忙着回应同事，一边观察着同事等电梯的姿势。因为昨晚小雅刚看了一篇文章，叫作“电梯门前看穿你的心理”，她希望能够更多地了解同事，借此与同事建立和谐的人际关系。她发现：办公室的老王老是不由自主地往返踱步，但由于人群越来越拥挤，他不得不在地上顿脚；而脾气急躁的李姐则抑制不住自己反复多次按压电梯钮，似乎这样反复按，电梯就能快点下来；而张哥则是认真地注视电梯楼层的指示数字，只等电梯门打开就立即走进去，一点也没注意到小雅正在盯着他看；还有办公室里的同事小晨，他低着头，看着地面，也不说话；而小雅自己则是环顾周围的人或物，或是不经意地昂着头瞧瞧天花板。

这样观察了一会儿，小雅心中就有底了。

细致的小雅观察了同事们不同的姿势，以此判断出同事各自的心理。通过这样的观察和判断，她更好地了解了同事们，相信在以后的工作中，她与同事们会相处得更愉快。

1. 认真地注视着电梯

有的人在等电梯的时候，会认真地注视着电梯楼层的数字，只等着电梯开门。心理学家表示，这样的人比较理性，处事稳重。在日常工作中，他们不太愿意插手别人的事情，不喜欢惹麻烦，经常会给人一种漠然的印象。不过，由于很会办事，很受上司的信赖。

2. 环顾四周

有的人在等电梯的时候，喜欢东看看，西瞧瞧，或是看身边的人，或是看看头上的天花板。心理学家表示，这样的人有较强的防卫意识，他们不会轻易地向他人展露自己的内心世界。在工作中，他们喜欢学习新知识，有着较强的求知欲。或许，他们的朋友并不多，但每一个都是最真的朋友。

3. 低着头

有的人在等电梯的时候，头向下，看着地面。心理学家认为，这样的人沉默寡言，他们不太爱在人前表露自己的思想。但是，其沉默的背后却有一颗善良、纯朴的心，他们个性比较坦率，很容易相信别人，对于他人的请求从来不拒绝。在办公室，他们很受同事的喜欢，由于他们不善于拒绝，做事显得很没原则，属于办公室里的烂好人一类。

4. 反复多次按电梯钮

有的人在等电梯的时候，显得异常急躁，总是反复地多次按电梯钮，似乎这样能够使电梯的速度更快一点。心理学家分析，这样的人个性比较急躁，做事喜欢讲效率，时间观念很强。在公司里，他们的人缘很不错，由于个性随和，所以容易接近。不过，他们容易情绪化，时常会以自我为中心，一旦认定了某件事情，就会一直坚持下去。

5. 往返踱步或在地上顿脚

有的人在等电梯的时候，会不由自主地往返踱步或在地上顿脚，心理学家表示，这样的人心里比较敏感，甚至略带神经质。他们有着丰富的内心世界，对于身边的人和事能够洞察清楚，当然，他们对于自己的直觉和判断力是从来不否认的。在生活中，他们比较感性，颇有艺术气息。

总之，人们在等电梯的时候，不可能一直保持“立正”的姿势，不同的人在同样情景下会不自觉地有各种反应，而那些看似随意的行为透露了人们心中的奥秘。

刁难者内心到底在想什么

无论在哪个公司或企业，都有这样一群惹人讨厌的人，他们喜欢刁难他人，似乎看着身边的同事难受是他们最大的快乐。不要说他们爱刁难是为了更好地工作，在工作之外，他们也没一副好脸色，经常是一副爱理不理的样子。或许，在你我身边，都有这样的同事，他们就像是无孔不入的苍蝇，到处乱钻，惹人厌。试想，无论是多好脾气的人，遇到这样的同事，应该也会火冒三丈。本来，工作已经够乱了，他还处处不饶人，破坏了同事之间和谐的合作关系，最后，不仅工作难以完成，而且彼此也会搞得很不愉快。那么，这样处处刁难我们的同事到底怀着怎样的心理呢？

小王向朋友抱怨："我有个同事，脾气格外特别，我平时跟她打招呼，她从来不理睬我。而且，她仅仅对我这样，对其他的同事倒显得很正常。但因为工作的原因，我每天都要跟她接触很多次，我是出纳，她是负责开票的，我们在工作上必然会有交集。每天看到她那张脸，我本来的好心情就变坏了。"朋友细心询问："有可能是你得罪她了。"小王一片茫然："没有啊，我一直也认为我应该是做错了什么，她才会这样对我，但令我百思不得其解的是，我们之间根本没有发生过什么啊。"

停顿了一会儿，小王回忆了自己初到公司的情景："去年 7 月我刚进公司，任出纳职位，由于我的前任因挪用公款而入狱，那确实是一个非常时期，整个公司的气氛都很紧张。当时，就是她来向我交代诸多事宜的。当时，我刚接触这个行业，可以说什么都不懂，交接工作的时候，她跟我说了一大堆流程。我现在的出纳工作量是其他单位的 4 倍，所涉及的事情相当复杂，我承认，自己的接受能力并不强，开始的时候总是出错，而每次出错的时候，她都会很大声地批评我，说一些很难听的话，虽然当时我心里很难受，但我并不介意，觉得自己的确有错。后来，我的工作进入了正轨，我心里对她充满了感激，经常友好地跟她打招呼，可是，她根本不搭理我。现在，我每天都要面对她，感觉自己都快闷疯了。你说，我该怎么办啊？”

从小王描述的与同事相处过程中的疑惑，不难发现，她身边的那位同事恰恰就是喜欢刁难他人的人。或许，我们并没有与他们发生过什么矛盾或纠纷，也不曾得罪过他们，但是，在职场的道路上，他们就像是那碍眼的绊脚石，处处给人难堪，不让人省心。究其心理根源，也是说不清，道不明，或是因为嫉妒，或是不自觉地把你当成了威胁者，或是本性使然，或是一贯的工作作风，等等。

下面，我们就一一来剖析刁难我们的同事背后的真实心理。

1. 纯粹是嫉妒

嫉妒是人类的心理弱点之一，在日常工作中，有的人能够克制住自己的嫉妒之心，但有的人却表现得异常明显。其中，有的同事就会将自己的嫉妒之心以及对你的敌对情绪表现出来，比如，他们会在工作中处处为难你，策划案中有一点点小问题就要喊你重做，但口头上他们会言辞凿凿地说：“这是工作上的要求。”

2. 一贯的工作作风

有的同事并不像前者属于心理失衡，他们更多的是工作作风使然。有的同事对工作要求特别严格，他们不允许出一点点差错，如果你恰恰是一个工作不那么仔细的人，那么，肯定会成为他的“刁难对象”，或许，仅仅因为一个小小的失误就会将你留下来加班。对这样的同事，即使自己心中有委屈，也要学会感谢他们，正是他们的刁难，才能提高你的工作能力。

3. 把你当成潜在的对手

有可能你进入公司后，表现得越来越出色，他那见不得别人好的“眼红病”发作了，不自觉地把你当成了潜在的对手。同样是工作一个月，如果你的业绩超过了他，他就会恶语相向，寻思着找到你工作中的漏洞，并把它当作“情报”贡献给上司，目的就是让你吃吃苦头。本来，在公司上班，同事之间就不可避免地会成为一种竞争关系，同事有这样的心理也是正常的，但如果他们将这样的心理转化成了为难他人的理由，那确是不太恰当的。

在日常工作中，我们身边总有那些乱嚼舌根的同事，甚至有的人还会在领导那里打小报告、放冷箭等，各种层出不穷的刁难招数令人防不胜防。这些居心叵测的同事到底是为何刁难我们呢？只要我们仔细观察其细微行为，定能知晓其真实心理。

猜透上司心，找到应对战术

在现实工作中，人们要面对各种各样的上司，并且常常会觉得与他们打交道是一件很痛苦的事情。在许多人看来，上司的很多做法是他们摸不透的，上司的很多言语在他们看来也是不知所云。其实，这主要的原因在于我们没能掌握一定的心理战术，无法真正地了解上司的意图。对于每一个上司来说，他希望自己的下属能够准确地领会自己的每一句话，甚至自己做一个手势，下属就应该知道该怎么去做。这样的下属无疑是上司最喜欢的，也是最欣赏的。那么，这就需要我们在实际工作中能够从上司的一言一行、一举一动来透析其真实意图，准确领会上司的心思，以心理战术赢得上司的青睐。

在工作中，面对不同的上司应有不同的相处之道，既然你在上司手下做事，自然需要掌握应对的心理战术。

1. 霸道的上司

这样的上司会不断地要求下属这样做或那样做，在他们看来，需要不断地威胁下属，才能让他们好好干活。对于如此霸道的上司，我们必须时常让他感到自己的存在价值，如果他对你恶语相向，我们需要拿起勇气，适当地回敬，让他明白自己也不是好欺负的，并且，做好自己的本职工作，以此赢得他的青睐。

2. 工作狂类型的上司

这样的上司总是认为自己就是天下最能干的人，他们大多有着充沛的精力，热衷于工作，并且希望下属也和自己一样工作，变成“工作狂”。面对这样的上司，我们的心理战术就是“甘拜下风”，在工作中时常向他请教，令他感觉到你对他的能力佩服不已，这样自然会得到他的赏识。

3. 优柔寡断的上司

这样的上司大多是多谋少断，经常是自己定好了决策，但只要下属提出一点点意见，他就会一次次地改变自己的初衷。这样的上司自然需要下属帮忙做一些决定，作为下属，应该在让他在不感到有失身份的前提下，与他商量一些对策，帮助上司作决定，再想办法让他朝着一个决策坚持下去。

4. 模糊型的上司

有的上司在嘱咐工作任务时含糊不清，没有明确具体的要求，你可以理解成这样，也可以理解成那样。可是，一旦你真正按自己理解的意思去做了，上司反而会责怪你做错了。面对这样的上司，我们在接受工作任务的时候，一定要问清楚具体的要求，并把这些要求记录下来，让上司核对后再着手进行。在上司看来是明朗的态度，比如说“你看着办吧”，作为下属，应该想办法诱导对方有一个明确的态度，你可以说“你的意思是……”得到明确答复后，你可以进一步延伸：“如果是这样，那就会……”

5. 健忘症的上司

有的上司比较健忘，经常会颠三倒四，有可能前一天才说过的事情，第二天就忘记了。面对这样的上司，作为下属，要不厌其烦地提醒他，比如，当他在讲述某件事情或发表某个观点的时候，你不妨多询问几遍，或提出自己的观点，以此加深上司的印象。

6. 喜揽功推过的上司

有的上司很平庸，没什么点子，但偏偏是这样的上司，却喜欢抢功推过。他们喜欢把下属的功劳全部装进自己的口袋里，不肯分出“一杯羹”，但犯了错却需要下属去承担，这样的上司自私自利。面对这样的上司，则需要刚柔并济，千万不能逆来顺受，否则，你就难有翻身之日了。偶尔与上司争论争论，在上司面前适当维护自己的利益并不是一件坏事，要让上司明白，做人是有原则的，自己的忍让也是有限度的。

7. 疑神疑鬼的上司

这样的上司每天都在怀疑下属们在办公室偷懒，他们热衷于在办公室玩“警察抓小偷”的游戏。面对这样的上司，最佳的方法就是及时向他递交工作报告，清楚地告诉对方你每天都做了些什么工作，打消对方的疑虑心理。

8. 挑拨是非的上司

有的上司喜欢在下属之间挑拨是非，制造矛盾，甚至，他们还喜欢在老板面前打下属的小报告。俗话说：“害人之心不可有，防人之心不可无。”面对如此类似于小人的上司，我们不能碍于情面而一味忍耐，在适当的时候，找准时机，当面揭穿，然后主动找老板说明情况，让大家了解事情的真相。你要相信，老板会对自己的企业负责，当他得知自己下面的人是如此之人，定会采取相应的措施。

职场中，我们会遇到不同类型的上司：有的上司性格温和，为人谨慎；有的上司脾气暴躁，做事草率；有的上司性格直爽，做事认真。其实，不同性格的上司，往往有不同的行事风格。对此，在日常工作中，我们要观察上司的行事风格，以此来摸透上司的脾气。摸透上司的脾气，及时调整相处策略，在此基础上发挥自己的工作能力，是职场生存的重要原则。

察言观色，洞悉上司的情绪心理变化

在职场中，上司虽然是高高在上的人物，但并不代表上司没有任何的喜怒哀乐。其实，上司也不过是一个平常人，在工作中或工作以外，他们也有七情六欲。有的上司会喜怒于形色，高兴或生气都会表现出来；有的上司则是将情绪藏在心里，常以一张面无表情的脸示人，让人猜不透他的真实情绪。但无论上司如何隐藏自己的喜怒哀乐，他们的情绪反应跟普通人并没有什么不同。作为下属，我们要想把握上司的情绪心理，就应该懂得察言观色，弄清楚上司的情绪处于何种状态，或试探，或猜测，以此来避开上司的不良情绪。

清朝时，一位新上任的县令，初次去拜见上司，想不出该说什么话。沉默了一会儿，忽然问道："大人尊姓？"这位上司很吃惊，勉强说了姓某。县令低头想了很久，说："大人的姓，百家姓中没有。"上司更加惊异，说："我是旗人，贵县不知道吗？"县令又站起来，说："大人在哪一旗？"上司说："正红旗。"县令说："正黄旗最好，大人怎么不在正黄旗呢？"上司勃然大怒，问："贵县是哪一省的人？"县令说："广西。"上司说："广东最好，你为什么不在广东？"县令吃了一惊，这才发现上司满脸怒气，赶快走了出去。不久，这位县令便被借故免职了。

从这里我们不难发现，正是这位县令不会察言观色，口无遮拦，才让上司怒火中烧将他免职。在现实生活中，当我们在与上司进行语言交流的时候，经常会遇到一些意想不到的情况，这时，上司通常会以细微的言行来透露其真实的情绪反应。

那么，身为下属，我们该如何来把握上司的情绪心理呢?

1. 上司骄傲的时候，为其制造喝彩声

作为上司，他喜欢得到下属的尊重，也喜欢享受下属对他发出欢呼与喝彩。上司之所以能坐在上司的位置，他一定有自己卓越的一面，他们能获得这样的成功，必定是经历了艰辛的历程。所以，在他们内心里，对自己现在所获得的成功，他需要得到身边的人的肯定，更需要享受来自旁人的喝彩与欢呼。因此，下属应该在公众场合不失时机地巧妙讲述上司的奋斗史，促使周围的人都向上司表示出敬佩的眼神。而上司是乐于享受这样的待遇的。

当然，你想要上司在人前享受喝彩与欢呼，并不需要故意去表现，故意的设计有时候往往达不到效果。只要你明白上司的心态，就可以随时随地有机会表现。如果遇到上司参加什么聚会，而你是陪同上司前往的人。那么，你不妨在酒后饭余，大家聊天的时候，巧妙地将话题引入到上司的丰功伟绩上。在这个时候，不是需要你说出上司的丰功伟绩，而是巧妙诱导上司自己来说。这样一来，上司一定感到十分高兴，在众人的喝彩声中展现自己的奋斗历程，他一定会觉得十分有面子。

2. 上司挨批的时候，对其进行肯定

上司也有自己的老板，不可避免的是，他们偶尔也会受到老板的批评。这时，作为下属，应该与上司站在同一战线上，及时地安慰上司，对其某些能力进行肯定，以此转移上司的情绪。在这时候，千万不要自作聪明地将上司不对的地方再数落一遍，你这样只会惹恼上司，到最后遭殃的只能是自己。

3. 巧妙进言

很多人在平时说话时习惯带着教训的口吻，特别是当自己占据了一定的道理时，就会开始居高临下地说话。但你千万不要把这样的习惯带进工作之中，特别是在面对上司的时候，否则，没有任何好处。也许在某些时候，上司的想法和做法并不如你好，但是你如果以教训的口吻向上司提出建议，一定不会被他采纳，反而会招来上司的愤恨。

如果你想向上司进言，希望他能够按照自己的想法办事，那么你千万不要教上司怎么去做。最好的办法就是在言语上对他进行巧妙引导，让他按照自己的思路去思考问题，引导他能够接受自己的意见。这样可以给他独立的空间去思考，让他在思考之后作出正确的决定。这可以保持他决策上的自尊，也能向上司表达出你的敬佩之情。

4. 上司错了，委婉纠正

下属需要学会巧妙地纠正上司的错误，千万不能直接、当场就把上司的错误纠正过来，这只会令场面变得更加尴尬，而且，也会惹恼上司。上司也是人，他们也会犯一些错误，因而你在面对上司的某些不足之处的时候，千万不要当面提出自己的看法，否则会让上司面子上过不去，也会让上司感到愤怒。

其实，上司并不是一个完全不讲道理、不开通的人，他们只是需要顾及自己的颜面和权威。如果每一个下属都直言不讳地对上司提出批评，那么上司如何能保持自己领导者的尊严呢？对上司来说，即便是自己在哪方面做错了，他们也不会在口头上承认，只会在心里默认，并在行动上纠正自己的不足之处。所以，下属在面对碰巧是上司的错时，也要考虑到维护上司的自尊，为上司留些情面，不可以直接对上司的错误进行指责。聪明的下属会讲究技巧地把上司的错误纠正过来，使双方之间建立和谐的关系。

作为下属，我们应该敏感上司表露出来的信息，并进行恰当的处理，比如，当我们在谈论某件事情，而上司隐隐露出不悦表情的时候，我们应该适时闭嘴，将话题引开，自然能避免上司的不良情绪。

第 14 章　职场微心理：职场达人应该了解的行事箴言

始终要记住你是为了自己而工作

在上班族中经常出现这样一种奇怪的现象，很多人过完周末就变“懒了”，等到周一需要上班的时候，依然懒洋洋的，提不起一丝精神，更别提对工作充满激情了。如此一来，工作效率自然是没有的。如果休息一个长假，情况会更加严重。比如，经过春节长假之后，大部分人都需要很长时间来进行调整，才可以进入工作状态。

上述现象，在心理学上被称为职业倦怠。职业倦怠是由很多原因造成的，最主要的一个原因就是上班恐惧症，而这种问题源于对上班目的认识不够准确。上班恐惧症在职场心理学中是经常出现的一种心理现象，它一般表现为上班之前会不想上班，或者是在上班第一天，不能迅速投身到工作中去，总是感觉内心焦躁不安，不能集中精力。

朱涛毕业后便到一家保险公司做起了销售，为了增加业务，多拿提成，朱涛几乎全年无休，即使是节假日也是和客户在酒桌上过的。功夫不负有心人，在公司辛苦奋斗了两年后，朱涛终于从一名普通的销售人员升成了手下有 12 名销售员的销售经理。虽然不用再像之前那样事事亲为，但是朱涛依旧很拼，因为他知道这个行业竞争激烈，根本不容自己懈怠。

周末，朱涛的同学结婚，大家难得聚会，聊起近况都很羡慕他刚毕业两年就有了这么好的工作，但是朱涛却一脸疲惫地说，他现在最大的愿望就是好好地睡上几天几夜，没有应酬也没有没完没了的业绩评估。很快，朱涛的机会便来了，因为今年业绩不错，公司破天荒地决定国庆黄金周照常放假。因为手里的几份保单都已经签好了，朱涛想，自己终于可以随心所欲地睡上几天了。

国庆的前一天，刚下班回到家，朱涛便向各位朋友和同学告了假，然后便睡了过去。朱涛一觉醒来已经是第二天下午了，他起来吃了点东西，想着还有一周的假期，便又沉沉睡了过去。就这样一个星期，朱涛便在睡觉中幸福地度过了。上班前一天，朱涛是中午起来的，本来他是想着第二天上班，所以想赶紧做点准备，可是没想到睡太久，整个人浑浑噩噩的，打开电脑还没怎么工作就又被周公召唤了去。第二天上班虽然被闹钟催着按时醒来了，但是精神却并没有自己想象中那么好，一整天他都懵懵懂懂的，哈欠打个不停不说，还十分烦躁，完全没了往日和客户周旋的耐心。

朱涛的这种情况，在职场心理学中就是典型的上班恐惧症。主要是因为平时总是处于高度紧张的工作压力中的人，会产生一种应急机制，身体也会相应建立起与其相匹配的运作模式，但是放假就会打乱原本形成的模式。过完长假，身体还处于休息的状态中。因此，虽然“肉体”已经回到紧张的工作中，但是其“精神”还处于休息中，其精神状态完全无法到达备战状态。如果你发现自己有“上班恐惧症”，完全没有必要担心，因为这种周期一般会持续 3 ~ 5 天。让自己的身心缓冲几天，就可以慢慢适应了。

上班恐惧症是形成职业倦怠的一项主要原因，但是如果能适当地调节自己，也是可以避免的。除此以外，工作中不能准确地定位自己，也会形成职业倦怠。有些年轻人刚刚脱离校园，内心踌躇满志，总觉得“老板给我多少钱，我就干多少活儿”，如果发现自己获得的报酬和自己的付出不吻合时，就会充满抱怨，觉得自己受到了剥削。有这样想法的年轻人一般都不清楚自己是在为谁而工作。需要知道的是，工资只不过是工作的报偿方法之一，人们之所以工作，并不完全为了工资，一个人的能力可以在工作中得到锻炼与提升，其交际能力也可以得到大幅提高，并且还能拥有最宝贵的工作经验，以及建立优秀的个人品格等，这些全部都和自己的工作相关。

我们需要清醒地意识到，现在的事都是给自己做的，现在的工作也是给自己做的。工作可以让我们获得更优质的生活，而不是只为了解决温饱。一份能够激发自我斗志的工作和一份不能调动自己积极性的工作相比，对一个人的影响是有很大不同的。但是世界上并不会存在一份对你而言没有一点作用的工作。不管是怎样的工作，只要你将精力投入进去，坚持下来，就会获得相应的回报。因此，需要改变的是自我的心态，是对待工作的心态，而不是工作。

任何事情，做的时间久了，都会有倦怠的时候。要想稳妥地度过这段倦怠期，就必须对自己的现状有一个明确的认识，不能总是把所有的不顺利都归结到环境和际遇上。应该明白，你做任何事，首先是为了自己，其次才是为了别人。

行胜于言，多做少说

瀑布心理效应，指的是发出信息的人心理比较平静，但引起了接收信息的人的心理不平静，导致其态度、行为都发生了改变。因为这种心理现象像极了大自然中的瀑布——瀑布从高山飞流直下，其源头并没有那么汹涌，而是非常平静，只有当瀑布遇到某一处峡谷时，才会一泻千里，所以心理学家将此心理现象命名为瀑布心理效应。

瀑布心理效应提醒我们，在与人交往的过程中，千万要注意自己说话的方式、分寸，千万不要信口雌黄。很多话自己可能只是不经意间说出的，但是传到了对方的耳朵里，就可能发生变化，“说者无心，听者有意。”说的便是这个理儿，因此，在与人交往的过程中，一定要学会控制自己的嘴巴，时刻记得“祸从口出”。

曹操聚集兵队想要进兵，又被马超拒守，欲收兵回都，又怕被蜀兵耻笑，心中犹豫不决，正碰上厨师端来鸡汤。曹操见碗中有鸡肋，因而有感于怀。正沉吟间，夏侯惇入帐，禀请夜间口号。曹操随口答道：“鸡肋！鸡肋！”夏侯惇传令众官，都称“鸡肋！”

行军主簿杨修，见传“鸡肋”二字，便让随行士兵收拾行装，准备撤兵。有人报告给夏侯惇。夏侯惇大吃一惊，于是请杨修至帐中问道：“您为何收拾行装？”杨修说：“从今夜的号令来看，便可以知道魏王不久便要退兵回都。鸡肋，吃起来没有肉，丢了又可惜。如今进兵不能胜利，退兵让人耻笑，在这里没有益处，不如早日回去，来日魏王必然班师还朝。因此先行收拾行装，免得临到走时慌乱。”夏侯惇说：“先生真是明白魏王的心思啊！”然后也开始收拾行装。于是军营中的诸位将领，没有不准备回朝的。

当天晚上，曹操心烦意乱，不能安稳入睡，因此便手提钢斧，绕着军营独自行走。忽然看见夏侯惇营内的士兵都各自在准备行装。曹操大惊，急忙回营帐中召集夏侯惇问其原因。惇回答说：“主簿杨祖德事先知道大王想要回去的意思了。”曹操把杨修叫去问原因，杨修用鸡肋的含义回答。曹操大怒，说：“你怎么敢乱造谣言，乱我军心！”便叫刀斧手将杨修推出去斩了，将他的头颅挂于辕门之外。

原来杨修倚仗自己的才能而对自己的行为不加约束，屡次犯了曹操的大忌。一次，有位大臣家新修了花园，邀请曹操去看，杨修同行。曹操在花园里走了一圈，什么也没说，只让人拿了一支笔在花园的门廊上留了一个“活”字，便离开了。众人都不解曹操的用意，只有杨修不紧不慢地说：“门里添‘活’是‘阔’字，主公这是觉得这花园的门做得太大了。”大家都觉得杨修说得十分有理。这话后来传到了曹操的耳中，虽然曹操人前夸奖杨修很懂自己，但是心里却很嫉妒。

虽然杨修的杀身之祸与当时复杂的政治格局和曹操本人的脾性有莫大的关系，但是导火索却实实在在是因为他说话不知分寸、不懂得留余地。古往今来，由于一言不慎而引来杀身之祸的例子不胜枚举。可见，在社交场合，注意说话的分寸是件多么重要的事情。

为了自己的社交圈能顺利地展开，能使自己成为一个受人欢迎的人，就必须时刻记得提醒自己，千万要避免因为自己一句不当的闲话而引起强烈的瀑布心理效应，一定不要轻易地触犯别人。古人曾说："言多必失。"所以在对一个人还不够了解的情况下，为了不对别人造成冒犯，千万不要妄下言论，说话的分寸和注意谈话的禁忌更要时刻注意。

时刻要记得，让对方了解我们，而不是制造误会，才是交流的初衷。说话体现的不仅是一个人的社交能力，还体现着一个人的涵养。只有会说话的人，才能为自己在社交圈中赢得好人缘，在复杂的人际关系中为自己铺出一条康庄大道。

为了避免自己的一句闲话引起别人强烈的瀑布心理效应，在谈话之前一定要处处小心，步步留神，在没有了解对方的性格、习惯、禁忌前，千万不要信口雌黄。那些容易引起对方误会、反感的话题，一定要非常谨慎。

身处职场要有忧患意识

把一只青蛙丢进一只煮沸的锅里，青蛙会因为受刺激而立刻跳到锅外，从而自救；但是如果把一只青蛙丢进一只冷水锅里，再慢慢加热锅中的水，青蛙便会因为在这个过程中渐渐适应了水温，而变得麻木起来，等水烧沸，它已经来不及跳出来了。最终，青蛙便在舒适之中被烫死了。这便是心理学家所说的青蛙效应。

青蛙效应是对"生于忧患而死于安乐"的最好注解。不管是人还是动物对舒适的免疫力都过低，我们常会听到有人说："温室的玫瑰更容易死亡。"就是这个道理。过于舒适的环境，不是安全的避风港，而是危险的滩涂。

草原上青草肥沃，因此有许多野生羊群迁徙到草原上生活。但是好景不长，草原周围的狼群知道了羊群到来的消息，不停地追杀羊群，为了活命，羊群只能不停地奔跑。当地的居民觉得羊群实在太可怜，便向政府申请了"捕狼令"，想保护可爱的羊群。

没了天敌，羊群迅速繁殖，一年之后总数增加了一半。但是这样的盛况持续了不到两年便结束了，第二年，羊群开始出现大量的死亡，短短两年的时间羊群数量比最初迁徙到草原时还少了，而且大多都不健康。

造成这种事与愿违的局面的根本原因就是：在狼被捕杀之后，羊群没了天敌，开始无限量地繁殖，生物的优胜劣汰原则被打破，这对羊群的可持续发展显然是不利的。再加上之前因为有狼群追赶，羊群常常处于奔跑的状态，骨骼也被锻炼得更加健壮。现在没了狼群的追赶，羊群的运动量减少，健康状况自然不如以前。

当地居民为了挽救羊群，不得不再次向政府申请，再次引进了狼群。狼群的到来让草原很快又恢复了往日生机勃勃的样子。

没有了狼的追杀，羊群比以前生活得更加舒适，进而停止了奔跑。然而，停止奔跑并没有让羊群永葆生机，而是让羊群一度濒临灭绝。可见，忧患意识，无论是对青蛙，还是羊群，乃至整个自然界都有着不容忽视的好处。

自然界中“优胜劣汰”的法则同样适合于人类社会。随着社会的进步，没有忧患意识的人只能等待着被淘汰。倘若你止步不前，别人仍在进步，那就说明你在倒退；倘若你止步不前，而后面的人却仍在奋力赶超，那你无疑就是在为别人加马力。没有人可以一劳永逸，今天的佼佼者，只要放松进步的脚步，明天就会成为别人的手下败将。

张羽和杨薇是大学同学，临近毕业，两人一起到一家外贸公司面试，竞争策划职位。最终杨薇因为创新的提案被正式录取，而张羽则被刷了下来。杨薇进入新公司后，很珍惜人生的第一份正式工作，每天最早一个到，最后一个走，不管是什么策划，只要经她的手，都力求完美，辛苦打拼两年，杨薇得到了经理的赏识，成了手下有 12 名策划员的精英策划部经理。

成为经理之后，杨薇一下子放松下来，她觉得自己终于可以不用再像以前那样拼了，做策划也不再亲力亲为，而是让组员完成之后自己签字。

张羽面试失败后，回到学校认真反省了自己的不足，然后比以前学习得更加努力了，毕业之后，被国内一家数一数二的广告公司相中，做广告策划。

杨薇做了一年的经理之后，觉得在现在这个公司不会再有晋升的机会了。因为公司规模小，而且经理以上的领导都是老板的亲戚或是合伙人，所以杨薇决定换个公司发展。正好这时候张羽的公司准备扩充业务，需要人才，张羽告诉了杨薇这个消息。

杨薇觉得自己现在是经理，到张羽公司肯定没什么问题，一周后，她胸有成竹地来到张羽的公司面试。结果面试的时候并不是很顺利，面试官问的很多问题，杨薇都答得支支吾吾，不是很清楚。最让杨薇懊恼的是，这些问题都是她在当经理的时候遇到过的，只是当时她懒得处理便交给手下的人了。最后，杨薇的面试失败了。

一名小小的职员，如同大海里的一滴水，随时都有蒸发掉的可能，因此，不能停止前进的脚步，必须提高警惕，要求自己不断进步，否则，就会被淘汰出局。而舒适、惬意让杨薇失去了继续努力的动力，于是她做了安逸的“羊”，直至“狼”重新出现在眼前，才恍然大悟，自己已经退化到无力奔跑的地步。

没有了压力，努力似乎就没有了意义。但事实上，职场中的努力永远没有终点。只有不断地树立新的目标，不断地接受新的挑战，甚至让自己处于竞争的压力之中，才能总是睁大眼睛去拼搏。而安逸享乐总是会消蚀人的意志。锐气全无的人只能是一败涂地！

异性相吸效应：合理安排男女搭配工作

我们经常会听到周围的人说：“男女搭配，干活不累。”而且这种说法在生活中也得到了证实，但这究竟是为什么呢？原来男女之间有一种特殊的相互的吸引力和激发力，男女双方都能从和对方的交往中获得无法言喻的愉悦感，进而使双方的生活和工作都受到的积极影响。这种在社会生活中普遍存在的心理现象被心理学家称为“异性效应”。

胡湘湘是一家连锁酒店在M市分部的公关经理，在公司人缘颇佳，而且能说会道，只要她出马，就没有搞不定的客户。一次，一个旅行团入住酒店，因为房间分配问题，有几个男士一直赖在酒店大堂，不愿意入住，还一直抽烟。大堂是禁烟之地，大堂经理急得不行，但顾客是上帝，他劝也劝不了，只能干着急。最后胡湘湘被同事叫来，不知道和那几位男士说了什么，逗得他们哈哈大笑，不仅掐了烟同意入住，还一直道歉说没看到禁烟的牌子，态度简直180度大转弯，连大堂经理都很惊讶。

这件事没过多久，酒店因为有事需要从总部调用资源，但是人事部经理去了好几次，总部都说得含糊其词，态度不甚明确。人事经理哪里受过这样的委屈，去了几次脾气也上来了，直说要直接跟总公司的人反映这件事。胡湘湘知道后，把经理拦了下来，说自己愿意去跟总部沟通，结果事情顺利解决了。因为办事漂亮而且效率很高，所以胡湘湘很受领导的赏识。

有同事总结胡湘湘的成功秘诀，发现她思维缜密，工作大胆，关键是口才过人，除了这些，还不得不说，胡湘湘确实长得很漂亮，女人味十足，她举手投足间流露出来的职业女性气质，很难不让人为她着迷。其实，大堂经理和人事经理的能力、学历并不在胡湘湘之下，但是胡湘湘却完成了让他们感到棘手的事，归根结底还是因为异性效应，也就是说胡湘湘的成功得益于和她打交道的大多是男士。

学生时期，男同学总是喜欢漂亮的女老师，而女生则完全相反，她们喜欢帅气又干练的男老师。工作的时候也是这样，人们总是更喜欢与异性打交道。其实这些都是异性效应在发挥作用的结果。因为异性相处时，双方都会下意识地想把自己最好的一面展现给对方，并且更有激情，而人在满怀激情的时候，也是最富有创造力的时候，所以工作起来也会更愉快。“男女搭配，干活不累”的理论依据就来源于此。

胡一鸣在一家IT公司工作，担任程序员一组的组长，手下有十几名精英程序员。胡一鸣最近一直被一件很头疼的事困扰，那就是他的组员总是死气沉沉的，没有活力，他只是偶尔到组员中间去，都觉得压抑得不行，更何况是组员呢？但是公司的二组却是另一番景象，二组组长曹亮，其手下程序员参差不齐，有精英也有能力一般的。但是令人疑惑的是曹亮组的工作进度并不比胡一鸣组差，有时候反而还在一组之上。胡一鸣有一次好奇，去二组操作间看了一下，里面的情景简直让他不敢相信。所有的组员充满活力不说，还时不时有人说个冷笑话活跃气氛，大家看上去都十分积极。

胡一鸣实在疑惑，便去找曹亮解惑。曹亮说，一开始他们组的气氛也和一组一样，大家都很安静，基本上没什么交流，工作环境压抑得不行，但是自从他上个月新招进两个女员工之后，办公室的气氛便明显发生了改变。大家一下子变得积极起来，每天有说有笑气氛活跃很多，甚至有人在上班时间讲笑话、逗乐子了。一开始他还觉得不妥，怕耽误工作，但是看到大家工作进度不降反升，效率提高不少，他也就不再说什么了。

曹亮可能并不懂心理学，但是他的这种管理正是“异性效应”的最好佐证。了解了异性效应这一心理现象，身为职场中的管理者就更应该懂得如何将“男女搭配，干活不累”的作用发挥到极致。心理学家研究发现，如果在一个工作环境里，只有男性或女性，不管是多优越的工作条件，多高的自动化程度，大家都总是容易疲劳，而且工作效率也提不起来。

异性效应是一个得到大家普遍认可的心理现象，也得到了心理专家的证实。所以管理者在对员工进行管理的时候，也可以借鉴异性效应，为员工提高效率做一点改变。

工作需要缜密详细的计划

美国行为科学家艾得·布利斯提出的“布利斯定律”说：花费较多时间为一次重要的工作做一个事前计划，那么做这项工作所用的总时间就会减少。做事有计划有安排，不仅可以提高工作效率，而且事情成功的概率也更高。

有心理学家曾做过这样一个实验。

他们将 60 名学生分成 3 组，然后用不同的方式训练他们的投篮技巧。

第一组学生的训练方法是，每天花 6 个小时的时间练习投篮，然后把第一天和最后一天投篮的个数记下来。第二组学生也记下了第一天和最后一天的投篮个数，但是他们在这期间并不进行训练。第三组学生则是有教练为他们制订了详细的计划，先训练投篮动作，然后是弹跳，一步一步循序渐进，训练了一个月。

最终的实验结果是第一组的学生投篮个数总体比一个月前多了 14 个，第二组的成绩基本不变，第三组则多了 26 个。这也就是说第三组每个学生都至少有一个球的进步。

实验结束，专家得出结论：行动之前进行头脑热身，构想要做之事的每一个细节，并将这些细节牢牢地铭刻在自己的脑子里，一旦行动起来，便会更加得心应手。

心理学家的实验表明，在做任何一件事情前，如果做出周密的计划，将会大大增加行动成功的可能性。倘若说目标是努力的方向，那么计划就是做事的方法。其实，目标与计划是密不可分的，有了目标，就要随之制订出一份严格可行的计划来。只有遵循计划一步一个脚印地稳步前进，才能实现目标。倘若只有目标而没有完整的计划，行动起来就像是无头苍蝇，到处乱撞。

晓菁和欣怡都在一家礼品推销公司做销售员，晓菁每个季度的业绩都比其他成员好很多，欣怡很羡慕，便向晓菁讨教方法。晓菁说："其实这不难，我只是在每次跟客户交谈之前都先了解客户的大致情况，然后根据每个客户不同的需要，制订详细的计划，争取逐步拿下订单。

"比如我上周刚拿到的达能文具店的 1000 个礼品盒的订单，一开始所有的业务员都觉得一个小小的文具店，肯定没什么油水，所以都没去推销。但是我并不这么认为。在文具店周围转了一圈，又在店内做了几次生意之后，我注意到，每天都会有很多附近的学生来文具店买笔记本或是钢笔，把它们当作礼物送给同学。而文具店因为暂时还没有礼物包装这个业务，所以每次都会便宜几块钱当作客户再去外面包装的包装费。我想到公司的仓库里面还有许多以前包装礼品剩下的礼盒，正好可以趁此机会卖出去。

“我先把这件事情向经理做了汇报，然后提出了详细的方案，经理见我已经计划周详，同意将那批礼品盒交由我处理。最后我找到文具店老板，跟他说了我的建议，最后他同意以每个 0.5 元的价格收购我的礼品盒。过了一阵我再次去文具店，老板说有了礼品盒不只成本下降，生意也比以前好了不少。当他知道我是推销礼品的时候，当下立刻找我预订了 1000 件大小不一的礼品摆件，说是可以包装成生日礼物卖给学生。”

听晓菁说完，欣怡终于知道自己以前的失败，并不在于公司产品，而是因为自己胡子眉毛一把抓，而且在向客户推销前，自己也没有个详细的计划，所以容易被客户牵着走。知道这一点后，欣怡调整了自己的心态，不再毛毛躁躁，只要决定推销了，事先一定会做一个完整的计划，然后根据自己的计划，一步一步拿下订单。两个季度之后，欣怡的订单量就已经赶超了大多数人，成了业绩第二名的推销员了。

有关权威研究机构的研究结果显示，在成功实现目标的人当中，未制订计划的人数比例则只有 22%，而且他们的成功多半带有偶然性，而事先制订计划的人数比例则高达 78%。

当然，不管是目标还是计划，倘若没有付诸行动，那么一切都只是空话 . 工作上也是如此，每个在职场打拼的人，都有自己的梦想和目标，没有谁会甘于平淡，但是有的人在职场中可以做到游刃有余，有的人则表现得束手无策。造成这种差别的一个很重要的原因就是，成功者都十分擅长对自己的人生做出规划，不管他们做什么事，都可以做到井井有条、有条不紊。而当一个人一旦开始按照科学的、积极的方法实施自己的计划时，他就已经开启了通向成功的大门！

我们也常说“计划赶不上变化”，在实现计划的过程中，总是会出现意想不到的问题。这并不代表计划是无足轻重的，相反，我们需要在行动中进一步检验和完善我们的计划。

专注细节，提升工作效率

前文我们讲到了“蝴蝶效应”，“蝴蝶效应”之所以令人着迷、令人深思，除了它本身迷人的美学色彩和大胆的想象之外，还因为它深刻的科学内涵和哲学魅力。也正是因为这个原因，蝴蝶效应被广泛应用到了政治、经济、军事等许多领域。

一位歌唱家晚上在剧院表演完之后，和助理一起散步回家。当时正值下班乘车的高峰期，街上的人川流不息。突然，他看到一个衣衫褴褛的男子闭着眼睛在台阶上蜷缩着，而路上的行人就跟没看见他似的，有的匆忙赶地铁的路人，甚至还会从他身上跨过去，歌唱家很震惊，便叫停助理，想问问看这位男子究竟发生了什么事。但是没想到他这一停，令人耐人寻味的一幕出现了：不只是歌唱家，还有几个人也跟着陆续停了下来，不一会儿，这位男子身边就已经聚集了小批关心他的人。有个小孩把手里的酸奶给了他，还有一位阿姨给了他面包和饼干，一位看起来很有经验的男士打电话叫了救护车。于是，男子坐在台阶上一边吃着面包，一边等救护车。

大家通过和他交谈得知，他并不是本地人，是从其他地方流浪来的，因为已经好几天没有吃东西，所以刚刚在地铁门口饿晕过去了。

为什么起初大家都对这个流浪的人毫不关心，现在却忽然发生这么大的转变呢？这一切的转变，其实正是由于一个人的关注。因为歌唱家停下了脚步，所以越来越多的人开始注意到这个流浪汉，发现他的困窘，进而向他伸出援手。

一个人发生改变，周围的一些人就会随他一样改变；一些人发生改变，就有更多人随他们改变；许多人变了，世界也有可能发生改变。相反，如果出现任何微小的纰漏都不在意，任由其发展下去，那么这个纰漏就会和多米诺骨牌一样导致全盘皆输。就像一阵微风有可能引起雪崩，一个烟头也可能烧光整片森林。

在美国标准石油公司，有个小职员名叫阿基勃特。他出差住旅馆时，总会在自己的签名下方写下一行字“每桶四美元的标准石油”，他的书信以及收据上只要签名，就会带上那一行字。因此，他被同事们戏称“每桶四美元”，他的真名反而没人叫起了。

公司的董事长洛克菲勒听闻这件事情之后说：“竟然有职员如此努力地为公司声誉做宣传，我一定要见他一面。”于是他邀请阿基勃特一起共进晚餐。再后来，洛克菲勒卸任了，阿基勃特成为公司第二任董事长。

这件小事明明谁都能够做到，然而只有阿基勃特一个人会去做，并且持之以恒，乐此不疲。在那些嘲笑他的人中间，肯定有很多人的能力与才华都超过了他，然而最后，董事长的职位却给了他。他之所以能够成功，并非偶然事件。他下意识的行为是他的习惯，而这一行为也表现了他积极进取的人生态度。就像心理学家詹姆士所说：“播下一个行为，你就会收获一种习惯；播下一种习惯，你就会收获一种性格；播下一种性格，你就会收获一种命运。”我们的人生之中，一个习惯性的动作，一个灿烂的笑容，一次大胆的尝试，都有可能产生意料不到的成就与辉煌。

由此能够看出，人生需要从全局着眼自己的成功与失败，忽略了任何一个细节，都有可能影响最后的成功。因此，只有重视小事，注重细节，才可以避免“一着不慎，满盘皆输”的情况。有的时候，一个微小的行为，看起来不足挂齿，似乎没必要认真对待，然而小事并不小，从小处可以窥全局。小和大之间，是没有不可以逾越的鸿沟的。

所谓“细节决定成败”，这里的细节包括你生活的方方面面，它可能是你的某一个习惯，也可能是你以前没有注意到的某一个点。但是不管是什么，它都会对事情的发展产生作用。

参考文献

[1] 杨松 . 微心理 [M]. 北京：石油工业出版社 ,2013.

[2] 倪裳 . 恋爱微心理 [M]. 长春：吉林出版集团有限责任公司 ,2015.

[3] 哈杉，宋德标，赵曙光 . 微心理：人际关系中的心理博弈策略实战版大全集 [M]. 南京：江苏凤凰美术出版社，2017.

[4] 文德．微心理 [M]．北京：北京联合出版公司，2014.

[5] 陆同 . 谈话微心理 [M]．长春：吉林出版集团有限责任公司，2015.